U0249032

鄱阳湖流域
生态环境监测
关键技术及应用

廖明　陆建忠　胡辉　蔡晓斌　陈晓玲　袁武彬　著

WUHAN UNIVERSITY PRESS

武汉大学出版社

图书在版编目(CIP)数据

鄱阳湖流域生态环境监测关键技术及应用/廖明等著.—武汉:武汉大学出版社,2023.12

ISBN 978-7-307-24070-4

Ⅰ.鄱… Ⅱ.廖… Ⅲ.鄱阳湖—区域生态环境—环境遥感—环境监测—研究 Ⅳ.X87

中国国家版本馆 CIP 数据核字(2023)第 197265 号

审图号:赣 S(2023)160 号

责任编辑:杨晓露   责任校对:汪欣怡   版式设计:韩闻锦

出版发行:**武汉大学出版社**   (430072 武昌 珞珈山)

(电子邮箱:cbs22@ whu.edu.cn 网址:www.wdp.com.cn)

印刷:湖北金海印务有限公司

开本:787×1092 1/16 印张:14.25 字数:293 千字 插页:2

版次:2023 年 12 月第 1 版 2023 年 12 月第 1 次印刷

ISBN 978-7-307-24070-4 定价:125.00 元

版权所有,不得翻印;凡购买我社的图书,如有质量问题,请与当地图书销售部门联系调换。

序

　　鄱阳湖是中国最大的淡水湖，地处江西省北部，承纳赣、抚、信、饶、修五大河来水，经调蓄后在湖口处由南向北汇入长江。鄱阳湖在我国众多湖泊中具有特殊地位，在全世界淡水湖泊中也具有典型特征，受到国际社会的广泛关注。2009年12月，《鄱阳湖生态经济区规划》经国务院批准实施；2014年11月，国家发展和改革委员会等六部委批准《江西省生态文明先行示范区建设实施方案》；2016年8月，中共中央办公厅、国务院发布《关于设立统一规范国家生态文明试验区的意见》，次年10月，出台《国家生态文明试验区(江西)实施方案》，至此，江西省成为国家首批3个生态文明建设试验区之一；2016年3月，江西省被农业部列为中国首个绿色有机农产品示范基地试点省份，江西省为全世界提供了590种绿色食品和1024种有机食品，鄱阳湖流域有63.1%的面积被广袤的森林覆盖，涵盖了5个国家自然保护区、46座国家森林公园、4处世界遗产、4座世界地质公园以及众多的省、市、县级自然保护区和森林公园。由2400多条河流汇聚而成的鄱阳湖，聚集了全世界一半以上的江豚，全球98%的白鹤在此过冬栖息，是亚太地区越冬候鸟的重要栖息地。保护鄱阳湖"一湖清水"，促进生态和经济协调发展，成为鄱阳湖流域的发展主线。鄱阳湖流域边界与江西省行政边界高度吻合，是开展流域和人地关系研究的理想场所，对鄱阳湖流域生态进行动态监测具有重大意义。

　　受年降水季节不平衡及其与长江水情关系的影响，鄱阳湖水文水动力条件复杂，是一个季节性、过水漫滩型内陆通江湖泊，具有"高水湖相、低水河相"的特点。在全球变化与人类活动等因素的多重影响下，鄱阳湖流域降水减少、湖泊水位持续下降、枯水天数延长，并引发湖盆淤积、水体浑浊、富营养化、天然湿地萎缩、生态功能退化、生物多样性减少等生态问题。

　　本书在探索大湖流域保护与开发新模式，构建山水林田湖草生命共同体，辅助湖泊流域生态文明建设，实现湖泊流域生态环境动态监测，围绕生态环境感知与模拟的核心内容方面开展了研究。针对流域生态环境监测方法从单一系统来源难以解决复杂系统感知与模拟问题，提出传感网与模拟相结合的湖泊流域生态环境空天地一体化监测框架，发挥传感网实时感知对仿真模拟的驱动优势，以及地表传感器感知与卫星遥感的相互促进能力，为湖泊流域生态环境开展综合性的动态监测及其与经济社会发展协调性评价提供了方法，为生态文明建设提供量化考核指标。针对鄱阳湖水体高动态变化的特性，提出空天地一体化湖泊流域水文水动力时空耦合框架，构建了一种基于深度循环神经网络的流域径流模拟预测模型，有效提高了流域降雨汇水径流的模拟预测精度；建立了顾及环湖无水文测站区径流贡献的鄱阳湖水动力联合模型，结合流域非点源污染模型，模拟了湖中氮、磷污染物输移分布，揭示了鄱阳湖丰水期水体污染物的高动态变化规律，为鄱阳湖这类受流域来水和通江水位过程双重影响、高动态变化、边界条件复杂、周边存在无水文测站区的大型湖泊，开展流域降雨对湖泊水动力及水环境影响的研究提供了解决方案。

项目成果已经在大理洱海流域管理局、省级国土资源、农业、水利、气象、应急保障等部门以及高校和其他科研机构得到了广泛使用，并多次为地理国情监测、农业资源监测与气象灾害监测等项目提供应用服务，取得了良好的应用效果。

陈晓玲

2023 年 4 月

前　　言

本书内容来源于国家测绘地理信息公益性行业科研专项"卫星遥感与地面传感网一体化湖泊流域地理国情监测关键技术研究"中武汉大学团队研究成果，以及廖明博士学位论文《鄱阳湖流域水文水动力时空耦合模拟方法及应用研究》，并结合基于"天地图"的鄱阳湖生态环境信息共享服务平台工程实践。本书旨在研究湖泊流域天-地多平台观测系统生态环境事件感知与协同观测机理，流域生态环境指数的多参数联合信息提取方法，水文水动力水环境变化过程模拟，生态环境综合评价，以及生态环境信息共享服务等关键技术。

本书主要内容包括空天地一体化湖泊流域生态环境动态监测体系架构、湖泊流域生态环境监测模型、流域生态环境监测指标分析与综合评价、基于深度学习的流域降雨径流模拟预测、顾及无水文观测站区径流的湖泊水动力耦合模拟、非点源污染物在湖泊输移分布中的应用分析，以及生态环境信息共享服务平台研发等。

本书作者单位为武汉大学、江西省测绘地理信息工程技术研究中心（依托单位江西省自然资源事业发展中心）。本书章节撰写分工如下：第 1 章廖明、胡辉、黄端；第 2 章廖明、陆建忠、徐世亮；第 3 章陆建忠、蔡晓斌；第 4 章廖明、薛逸飞；第 5 章、第 6 章廖明；第 7 章蔡晓斌、陆建忠；第 8 章袁武彬、胡辉；统稿人廖明。专题地图编辑黄建忠。

书中涉及地图行政区划的资料截至 2017 年年底，书中地图通过江西省自然资源厅地图技术审查中心审图（审图号：赣 S（2023）160 号）。

本书的出版得到"江西省 03 专项及 5G 重大项目"（项目号：20224ABC03A05）与"江西省高层次高技能领军人才培养工程"项目的经费资助；得到武汉大学陈晓玲教授团队人员大力支持：李建、李熙、冯练、刘海、孙昆、江辉、李辉、赵红梅；得到北京大学邬伦教授的指导，伦敦大学学院访学期间程涛教授时空大数据分析方向的指导，以及江西省测绘地理信息工程技术研究中心和江西省自然资源事业发展中心博士后创新实践基地人员的支持和共同努力。在此一并致谢。

廖明

2023 年 4 月

目　　录

第1章

绪 论

1.1 鄱阳湖生态环境概况

生态环境的保护和治理是 21 世纪人类可持续发展战略的焦点问题，生态环境安全是人类生存和社会经济可持续发展的先决条件和基础保障。通江湖泊流域生态环境对江河下游的调蓄洪水、航运、维护生物多样性等诸多方面产生巨大影响和具有不可替代的作用。鄱阳湖位于江西省地理北部、长江中下游南岸，是中国第一大淡水湖。鄱阳湖承纳赣、抚、信、饶、修五大河流来水，经调蓄后由湖口注入长江。在我国众多湖泊中具有特殊地位，在全世界淡水湖泊中也具有典型特征，是亚太地区越冬候鸟的重要栖息地，受到国际社会的广泛关注。其生态环境与可持续发展问题十分重要。国务院 2009 年 12 月批复《鄱阳湖生态经济区规划》，标志着建设鄱阳湖生态经济区正式上升为国家战略。批复指出，要把鄱阳湖区生态经济区规划的实施作为应对国际金融危机、贯彻区域发展总体战略、保护鄱阳湖"一湖清水"的重大举措，促进发展方式根本性转变；要以促进生态和经济协调发展为主线，以体制创新和科技进步为动力，转变发展方式，创新发展途径，加快发展步伐，努力把鄱阳湖地区建设成为全国乃至世界生态文明与经济社会发展协调统一、人与自然和谐相处、经济发达的世界级生态经济示范区。2014 年 11 月，国家发改委、财政部、国土资源部、水利部、农业部、国家林业局批复《江西省生态文明先行示范区建设实施方案》，标志着江西省建设生态文明先行示范区上升为国家战略，成为我国首批全境列入生态文明先行示范区建设的省份之一。2016 年 8 月，中共中央办公厅、国务院办公厅印发了《关于设立统一规范的国家生态文明试验区的意见》，江西省成为国家生态文明试验区三个省份之一。建设中国唯一的绿色有机农产品示范基地试点省，为全世界提供着 590 种绿色食品和 1024 种有机食品。整个鄱阳湖流域，有约 63% 的区域被广袤的森林覆盖，5 个国家自然保护区，46 座国家森林公园，4 处世界遗产，4 座世界地质公园，2400 多条河流汇聚而成的鄱阳湖，聚集了地球一半以上的江豚，全世界98%的白鹤过冬栖息。打造美丽中国江西样板，绿色发展成为江西崛起之路。

受年降水季节不平衡规律影响及其与长江的水情关系，鄱阳湖水文条件和生态系统复杂，是一个过水性、季节性、漫滩型内陆通江湖泊，具有高水湖相、低水河相的特点。在全球变化与人类活动的双重影响下，鄱阳湖流域面临降水减少、湖泊水位持续下降、枯水天数延长，并引发湖盆淤积、水体浑浊、富营养化、天然湿地面积萎缩、生态功能退化、生物多样性减少等生态问题。为有效应对此种严峻形势，亟须提高该区域环境的动态性变化快速感知、状态评估和决策支持能力。

湖泊流域是包括植被、土壤、大气、水文和水质等多种生态环境要素的复杂系统，其规模庞大、变量众多，有着时、空、量、序动态变化，是一个受多种不确定性因素限制、参数众多、机理十分复杂的问题。传统的湖泊流域环境监测，主要采用实地采样测量与在河口湖口等关键节点设置水文水质自动观测站的方式。囿于监测成本，实地采样的时间间隔一般较长，观测站点虽然能持续观测但点位分布稀疏，样本点相对较少，难以形成对大区域环境的全面把握与动态监测。近年来，随着无线传感器技术的发展，各式环境监测传感器广泛部署[1-2]。各种主、被动遥感卫星批量发射升空，卫星遥感影像无控制点几何纠正能力、遥感定量反演技术的发展，使得通过遥感手段获取湖泊水环境（水位、透明度、水质等）及其湖滨和流域的降水、土地类型、蒸散发等生态水文表征信息的潜力极大增强。

地理过程的建模则是我们进一步认知地理现象时空变化规律的体现。包括水动力、水质、生态等综合因素的水环境变化数值模拟几十年来一直是各国政府及学者关注的重点课题。2007年 *Science* 中"The Scientific Research Potential of Virtual Worlds"一文指出，复杂系统的模拟仿真将成为有效认识和预测复杂地理过程的基础方法[3]。同时随着地球空间信息技术和传感器的迅速发展，数据密集型科学发现（Data-Intensive Scientific Discovery）成为科技发展的第四范式[4]。传感网和遥感平台的日益丰富，可用来持续感知和获取时空分辨率越来越高的环境变化过程的观测数据，构建传感网对生态环境进行动态监测成为可能。如何利用多源传感器观测数据，加强动态监测和模拟预测，实现复杂地理过程的连续动态认知，已经成为地学领域的新突破点和关键问题。

1.2　鄱阳湖流域生态环境监测框架

1.2.1　感知与模拟关系

完整的动态监测体系包括传感网感知和仿真模拟。空天地传感网感知主要包括环境物联网监测与遥感监测。物联网传感器能够获取样点位置长时序的、实时的物理、化学、生物量参数。遥感定量反演的手段能获取大区域、连续覆盖的专题数据。还有各种机载、船载的平台，能够获取基础的地形地貌数据。然而仅依靠传感网的实时动态感知还不够，需要建立地理模型才能更好地对区域环境进行历史重现和未来预测。两者之间的关系总结见图 1-1。一方面多源、多时相动态感知数据可以为环境模拟模型参数的率定和优选提供外界时空变化信息的定量输入；另一方面过程模拟可以增强多源动态观测数据重建高精度连续地理时空的能力，提升动态观测数据解决复杂地理问题的可靠性与准确性。从模型策略来看，可分为机理模型(考虑已知的因果知识)预测与经验模型预测(充分挖掘系统的经验知识)方法，以及两者的组合预测。从模拟机制来看，可分为静态数据驱动与动态数据驱动。静态数据驱动模拟模式只在模拟初始启动时加载已知的历史数据集，参数是结合历史观测资料预先率定，机理模型多采用这种方法。而动态数据驱动模拟在运行过程中可选择性地加载回馈数据。传感网实时感知能力的发展使之能及时获取回馈数据，利用这些数据对模型进行优化、调整和逼近，有助于提高模拟的精度。

1.2.2 天地一体化监测框架

天地一体化监测的优势之一在于原位无线传感网感知与遥感监测的互补关系。无线传感网感知是指通过无线网络技术、视频识别技术、传感技术和嵌入设备技术等技术的运用，同时借助互联网、移动互联网等，实时对污染源、环境质量、生态等信息进行捕捉，具有时序长、频度高(分钟尺度、小时尺度)、且可以通过网络实时反馈的特点，但是数据的样点密度较低。卫星遥感监测频率低(一般是日尺度、月尺度)、容易受天气影响，反演精度相对较低，但能获取大区域空间连续覆盖的专题数据[5]。长时序遥感监测的结果可以为传感网的优化布局提供决策依据。而地面原位站点传感器的连续监测有利于在湖泊动态环境中获取同步时刻的遥感反演地面样本点，利用其对定量遥感模型进行优化，提高生态环境评价指标的精度，为湖泊流域地理过程时空演变研究提供长时间序列的流域生态环境时空动态信息[8]。从感知与模拟的关系、传感网与动态数据驱动的关系，以及原位传感器感知与遥感的关系考虑，图 1-2 给出湖泊流域天地一体化生态环境监测框架。

湖泊流域系统是包括植被、土壤、大气、水文和水质等多种生态环境要素的复杂动态系统，对其生态环境的保护和治理先要及时掌握其状况，并结合数值模拟来对历史状况进行重现和对未来状况开展预测。以往的监测方法如遥感、地面传感网等在时间和空间尺度上存在各自的局限性。各个政府管理部门一般以地面传感网站点监测为主，可以进行高频的实时或准实时的观测，但通常站点的分布相对较为稀疏，在监测的空间分辨率上有限。遥感技术能大范围地感知区域状况，其对生态环境反演方法从单一系统来源的低分辨率数据处理方法基础上发展而来，每种传感器在空间、光谱、反演对象方面各有侧重，需要联

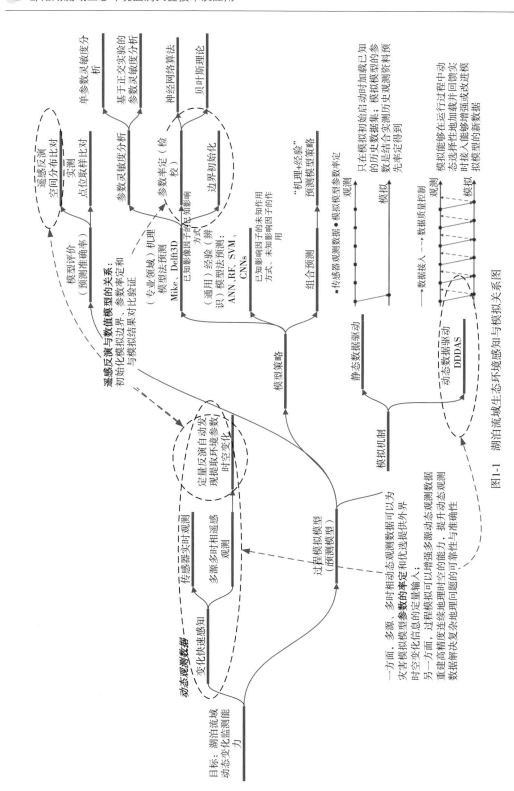

图1-1 湖泊流域生态环境感知与模拟关系图

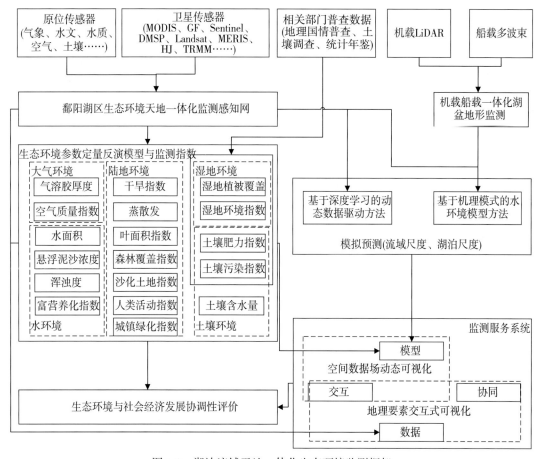

图 1-2 湖泊流域天地一体化生态环境监测框架

合多源遥感才能较为全面地感知与互补。传统的模拟方法以静态数据模拟方式为主,随着
模拟过程的演进,复杂时空变化特征的不确定性加大,基于历史静态数据集的模拟模型本
身缺乏自调节性,难以根据分布式传感器获取的动态观测反馈数据进行持续校正模拟结
果。因此,需要结合卫星遥感对地观测、环境传感网监测、动态数据驱动模拟等技术,实
现多平台协同动态感知,流域与湖泊多尺度数值模型耦合,来把握流域生态环境变化与湖
泊水情、流场、物质迁移等过程[10]。

　　针对流域生态环境监测方法从单一系统来源难以解决复杂系统感知、模拟与综合评价
问题,提出传感网与模拟相结合的湖泊流域生态环境空天地一体化监测框架,面对植被、
土壤、大气、水文和水质等生态环境要素,研究多源多尺度数据的生态环境信息定量反演
算法,建立一套生态环境可持续发展指标体系,主要包括大气环境指数、水量与水质指
数、土壤污染指数、地质灾害指数、干旱指数、森林覆盖指数、植被指数、叶面积指数、

作物生长指数、城镇绿化指数等，为生态文明建设提供量化考核指标，开展生态环境安全与社会经济发展协调性评价。

针对鄱阳湖高动态变化的特征，利用空天地一体化多源感知与数值模型相结合的方法，对鄱阳湖这一典型的大尺度通江湖泊流域水文水动力进行模拟，并对湖泊水环境动态变化开展应用分析[11]。在流域降水、径流和湖泊水体之间建立联合模型框架，在日时间尺度上研究湖泊水动力水环境的变化。建立一个能充分利用降水数据历史信息、径流的动态观测反馈数据，融合地面雨量站数据，以更高的精度和运行效率对流域降雨汇水径流进行模拟预测的水文模型。研究将流域上游水文模型、环湖无水文测站区径流模型、湖泊水动力模型三者间进行时空耦合模拟的方法，建立顾及环湖无水文测站区贡献的湖泊水动力联合模型，在日尺度上更好地表征流域降水对湖泊水情的影响。集成流域非点源污染模型，模拟湖泊污染物的高动态连续时空分布，开展对湖泊水环境的应用分析。

最后从应用的角度建立监测服务平台，与用户交互、信息共享、在线服务，开展综合分析评价，辅助决策支持。

参 考 文 献

[1]王明华，黄畅，王彦，等. 无线传感器网络节点重部署研究进展[J]. 计算机应用研究，2023，40（4）：978-986.

[2]LANZOLLA A, SPADAVECCHIA M. Wireless sensor networks for environmental monitoring [J]. Sensors, 2021, 21(4)：1172.

[3]BAINBRIDGE, SIMS W. The scientific research potential of virtual worlds[J]. Science, 2007, 317(5837)：472-476.

[4]TOLLE K M, TANSLEY D S W, HEY A J G. The fourth paradigm：data-intensive scientific discovery[J]. Proceedings of the IEEE, 2011, 99(8)：1334-1337.

[5]MAZUMDAR N, NAG A, NANDI S. HDDS：Hierarchical Data Dissemination Strategy for energy optimization in dynamic wireless sensor network under harsh environments[J]. Ad Hoc Networks, 2021, 111：102348.

[6]AZIZ Z A A, AMEEN S Y A. Air pollution monitoring using wireless sensor networks[J]. Journal of Information Technology, 2021, 1(1)：20-25.

[7]MENDOZA-CANO O, AQUINO-SANTOS R, LóPEZ-DE LA CRUZ J, et al. Experiments of an IoT-based wireless sensor network for flood monitoring in Colima, Mexico[J]. Journal of Hydroinformatics, 2021, 23(3)：385-401.

［8］DENG Z, DAI L, DENG B, et al. Evaluation and spatial-temporal evolution of water resources carrying capacity in Dongting Lake Basin［J］. Journal of Water and Climate Change，2021，12(5)：2125-2135.

［9］ZHOU J, LIU W. Monitoring and evaluation of eco-environment quality based on remote sensing-based ecological index（RSEI）in Taihu Lake Basin, China［J］. Sustainability，2022，14(9)：5642.

［10］张甘霖，谷孝鸿，赵涛，等．中国湖泊生态环境变化与保护对策［J］．中国科学院院刊，2023，38(3)：358-364.

［11］雷声，石莎，屈艳萍，等．2022 年鄱阳湖流域特大干旱特征及未来应对启示［J］．水利学报，2023，54(3)：333-346.

第 2 章
数据获取方法

　　湖泊流域环境是包括植被、土壤、大气、水文和水质等多种生态环境要素的复杂系统，需要建立基于卫星遥感平台和地面原位传感器站点的综合监测环境，实现多平台相互关联的生态环境信息协同感知。同时湖泊又是一个高动态的环境，尤其是鄱阳湖这类典型的过水性、季节性、漫滩型内陆通江湖泊，需要结合科学数值模型进行时空虚拟仿真模拟，集实时监测数据接入、动态过程模拟、时空可视化为一体，来展示湖泊的水情动态、流场、污染物等生态环境要素迁移，从而针对特定的地学现象，辅助多用户协同分析与决策支持。数据来源获取包括普查调查、地表传感网监测、遥感反演、数值模拟等方法。

2.1　传统调查方法

　　地理国情普查是一项重大的国情国力调查，是全面获取地理国情信息的重要手段，是掌握地表自然、生态以及人类活动基本情况的基础性工作[1]。为方便开展地理国情普查成果数据统计分析应用以及地理国情监测，需要基于地理国情普查成果数据，结合收集整理的社会经济统计信息数据和有关专题数据，依据统一的规范和标准，建立完整的、空间连续、主要要素时点统一的全省地理国情普查数据库，地理国情普查地理国情统计分析将基于建成的地理国情普查数据库进行[2]。该数据库作为地理国情监测本底数据库，通过基础地理数据库更新和在地理国情监测中联动、动态更新。地理国情常态化监测成果通常每年更新一次。

　　地理国情监测数据库包含地形地貌、遥感影像、遥感影像解译样本、地表覆盖、地理国情要素、专题数据、地理国情统计分析成果等七个子库。该数据库将为生态容量等指标的计算提供数据支撑。

表 2-1   地理国情普查数据库包含的数据

序号	分类	子类	说 明
1	地形地貌数据		利用基础地理信息地形要素数据(1∶10000、1∶50000)精细化生产的 DEM 以及派生的坡度、坡向等数据,1∶10000 DEM 的格网尺寸细化为 2m
2	遥感影像数据		包括正射影像、原始影像数据和控制点数据。其中,正射影像数据为采用高分辨率卫星影像或航空影像生产形成的地理国情普查正射影像数据,地面分辨率为 0.5m,包含分幅影像和整景影像数据
3	遥感影像解译样本数据		在外业调查核查阶段实地采集的遥感影像解译样本数据,包括具有位置参数能反映地面自然景观的实地照片、对应的遥感影像实例及相应属性
4	地表覆盖数据		地理国情普查采集的完整地表覆盖
5	地理国情要素数据	道路	道路地理实体数据,包括铁路、公路、城市道路、乡村道路的中心线数据
		水域	水域地理实体数据,包括河流、水渠、湖泊、水库、坑塘等的范围线构面以及河流、水渠的结构线或中心线
		构筑物	道路和水域相关附属构筑物以及人工堆掘地等地理实体,包括堤坝、闸、排灌泵站、隧道、桥梁、码头、车渡、高速公路出入口、加油(气)、充电站、尾矿库等要素
		地理单元	行政区划单元、社会经济区域单元、自然地理单元、城镇综合功能单元等实体数据
6	专题数据	社会经济统计数据	从统计部门收集并经整理的统计数据,包括以省、地、县、乡镇等级行政区或其他地理单元为单位的人口、社会、经济、科技、环境、医疗卫生等方面的统计指标数据
		行业专题数据	从相关专业部门收集并经整理的对统计和对比分析具有参考意义的普查数据成果,如国土、水利、农业、林业、地震等部门的主要普查(调查)成果数据
7	地理国情统计分析成果数据		地理国情统计分析形成的数据集、报表和报告等,包括基本统计分析和综合统计分析成果数据

2.1.1 地表覆盖数据

利用高分辨率的影像资料，按照地理国情普查内容与指标对相关内容进行分类提取，对达到规定尺度要求的重要河流湖泊、交通道路、构筑物、地理单元等要素采集空间位置和属性信息，形成完整的地表覆盖数据，包括耕地、园地、林地、草地、房屋建筑(区)、道路、构筑物、人工堆掘地、荒漠与裸露地表、水域10种类型。地表覆盖分类数据全部存储在地表覆盖(Land Cover Area，LCA)面状数据层中[3-5]。

2.1.2 地理国情要素数据

地理国情要素数据是指除按照地表覆盖要求分类之外，以地理实体(或地理对象、地理要素)形式采集的道路、水域、构筑物以及地理单元数据，这些数据以矢量方式表示。

道路地理实体数据包括铁路、公路、城市道路、乡村道路的中心线数据。水域地理实体数据包括河流、水渠、湖泊、水库、坑塘等的范围线和结构线(或中心线)。构筑物包括水工设施、交通设施、人工堆掘地等地理实体。地理单元包括行政区划单元、社会经济区域单元、自然地理单元、城镇综合功能单元等数据。

2.1.3 专题数据

专题数据中需要建库的数据包括社会经济统计数据和行业专题数据。

社会经济统计数据是指从统计部门收集和整理的以各种地理单元统计的人口普查数据指标、科技发展指标、区域经济指标、中小学基础信息指标、社会福利机构指标、城市发展基本指标、医疗卫生机构指标、第二(三)产业基本指标、城市污染基础信息指标、重点红色旅游区、特色水产养殖区等。

2.2 地面传感网优化布局

长时序遥感监测的结果可以为传感网的优化布局提供决策依据。而地面原位站点传感器的连续监测可用于在湖泊动态环境中获取同步时刻的遥感反演地面样本点。因此，在天地一体化的监测体系下，地面传感器的布设除了考虑传感网的通常需求之外，还需要考虑与遥感反演的相互作用。水问题是湖泊流域核心关键所在：①湖泊水沙问题研究是湖泊水资源和水环境研究的重要基础。一方面湖泊中的泥沙通过冲淤作用重塑湖盆形态，从而影响其水动力过程，决定了湖泊发展与消亡的演变进程[6]。②叶绿素不仅是重要的水色参数之一，也是中国环境监测总站推荐的湖泊(水库)营养化评价指标之一[8]。因此，湖泊水体叶绿素 a 浓度的监测对于水质、水环境的监控，有重要的现实意义。③流域土壤水作为地表水存贮的组成部分，长时序土壤湿度监测对湖泊流域的水文循环、气候变化及农业旱涝灾害等研究有重要意义，尤其在鄱阳湖流域对研究旱涝急转情况有重要价值。因此，以下就湖泊水质与土壤水传感器这两方面内容进行相关介绍。

2.2.1　湖泊水质传感器布设策略

为保障监测网络的合理布局，实现单个监测节点对相关要素的最大监测能力辐射，可以通过长时序悬浮泥沙、叶绿素浓度、CDOM 吸收系数等遥感产品分析，挖掘时空信息确定布网策略。首先利用遥感技术，实现鄱阳湖流域长时序多生态环境要素(水体包括：叶绿素浓度、悬浮泥沙浓度)的时空信息提取。图 2-1 为 2000—2010 年鄱阳湖年平均悬浮泥沙浓度变化。

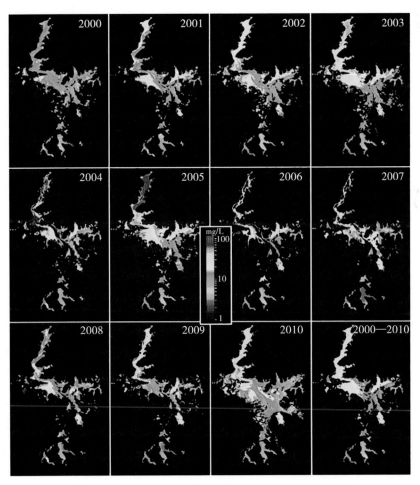

图 2-1　2000—2010 年鄱阳湖年平均悬浮泥沙浓度变化

借鉴遥感光谱聚类思想，挖掘时序遥感数据时空数据信息，针对空间分布的任意像元，以时间维度变化信息代替光谱维度信息，采用经典聚类算法（K 均值，模糊 C，ISODATA 算法等）实现时空特征谱聚类（见图 2-2），并结合现场观测数据对聚类结果进行分析，以确定需要重点连续观测的最少传感器数量[11]。

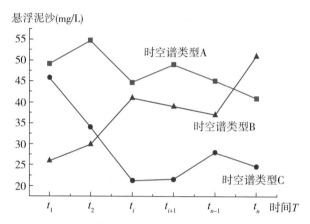

图 2-2　基于光谱聚类思想的悬浮颗粒物时空谱特征分类示意图

以悬浮泥沙浓度时间谱聚类信息为依据，对 2000—2010 年 MODIS 获取的悬浮泥沙浓度结果进行分析，确定了传感器网络空间布局策略，包括区域（图 2-3）与值域（图 2-4）。

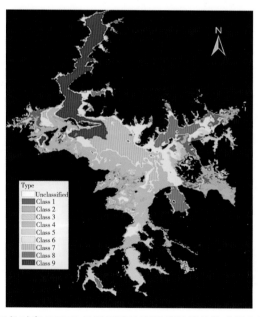

图 2-3　基于长时序 MODIS 悬浮泥沙浓度遥感结果的传感器布局区域确定

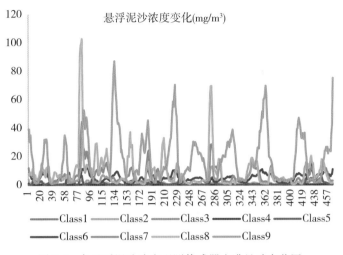

图 2-4　各悬浮泥沙浓度观测传感器应满足动态范围

用类似的方法，对 2003—2011 年鄱阳湖年均叶绿素浓度变化情况进行分析（图 2-5），确定了叶绿素传感器网络空间布局策略，包括区域（图 2-6）与值域（图 2-7）。

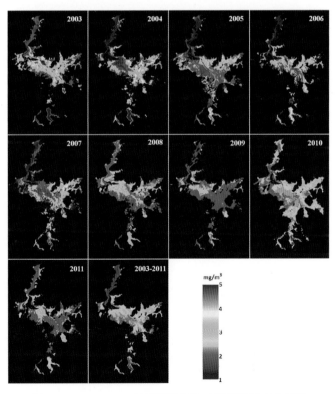

图 2-5　2003—2011 年鄱阳湖年均叶绿素浓度变化情况

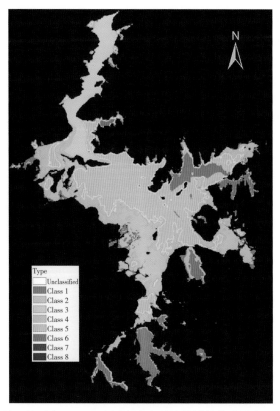

图 2-6 基于长时序 MERIS 叶绿素浓度遥感结果的传感器布局区域确定

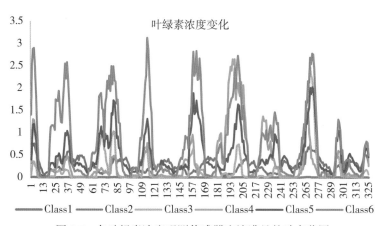

图 2-7 各叶绿素浓度观测传感器应该满足的动态范围

　　根据地面站长时序监测数据水体光谱与水色水质要素参数，采用光谱微分技术比较原始光谱、一阶导数、二阶导数与反演模型精度稳定性等指标，最终可建立各种多源传感器悬浮泥沙浓度、叶绿素浓度、CDOM 反演，实现从遥感产品指导传感网布设，然后再完善遥感产品生产全链条流程。图 2-8 为鄱阳湖水体光学浮标布放现场。图 2-9 为鄱阳湖水体光学浮标获取的光谱曲线。

图 2-8　水体光学浮标布放现场

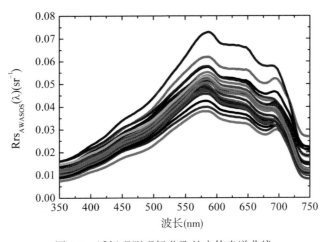

图 2-9　浮标观测现场获取的水体光谱曲线

2.2.2　土壤传感器布设原则

土壤湿度传感网的布设目的为长期监测典型土地覆盖/利用类型下土壤水分的时空分

布,为遥感反演的土壤湿度产品提供实测验证数据。鄱阳湖流域土地覆盖/利用状况较为复杂,包含旱地、水田、林地、果园、建筑用地等多种类型,为土壤湿度的遥感反演和验证带来很大挑战。因此,需综合考虑各方面因素来选择合适的土壤湿度观测地点,具体选取原则如下:

(1)土地覆盖/利用类型。遥感反演得到的是表层土壤湿度(0~5cm),当土壤上方的植被覆盖超过一定密度时,卫星传感器所接收到的信号大部分为植被的体散射信号,土壤背景的面散射信号可以忽略不计[14]。因此,考虑分别在旱地、水田、菜园、裸地几种土地利用类型上布设土壤湿度传感器,植被覆盖度高的林地上暂不布设。所选土壤湿度传感器安装地段距离建筑物、道路(公路和铁路)、水塘等,须在20m以上,远离河流、水库等大型水体。

图2-10(a)~(d)分别展示了星子站、万年站、新建站和鄱阳站2014年11月至2016年12月0~10cm土壤湿度实测数据曲线。其中星子站的下垫面为菜地,万年站为荒地,新建站为旱地,鄱阳站为稻田,代表了不同的地表覆盖类型。

(2)地形因素。江西省地形以丘陵山地为主,盆地、谷地广布。可分别在北部平原岗地区、中部丘陵盆地区及周边丘陵山地区部署土壤湿度传感器。地形因素是微波反演土壤湿度的重要影响因素,一般土壤湿度验证点应布设在地形平坦的地区,但江西省大部分地区为丘陵,可在山丘地区适当布设传感器。

(3)土壤类型。土壤质地及类型都会影响土壤的后向散射系数。江西省的主要土壤类型为红壤,滨湖平原以冲积性土壤为主,盆地以水稻土为主,丘陵土壤类型以红壤为主,其次是石灰土和紫色土。在选择布设地点时,可兼顾考虑相同土地利用类型或地形因素下不同土壤类型对土壤水分分布的影响。此外,所选地段土壤应能够代表本地区的主要土壤类型,须尽量选择在地势平坦、能代表本地区自然环境下土壤湿度变化特征的地块。

(4)降水条件。降水是土壤水的重要来源,直接影响土壤湿度的大小。可结合降水分布状况,使得不同布设点土壤湿度传感器测得的土壤湿度变化范围较大,以便在较大的动态范围内对土壤湿度遥感产品进行验证。

图2-11为鄱阳湖流域土壤湿度传感网现场布设情况。

2.2.3 地面传感器网络架构

环境传感网的感知对象包括水环境、大气环境、土壤环境、辐射环境、光污染、声污染等。环境传感器网主要用环境自动识别设备来感知和识别环境监控数据信息[15]。从结构上可分为3层:基础层(感知层)、通信层和数据应用层。感知层主要是对目标污染源现场端的感知,主要包括现代化的传感器、分析仪器、智能仪表等。通信层是指数据的传输,有无线传输和有线传输两种方式。数据应用层指通过得到的数据进行存储、计算、分析和决策。

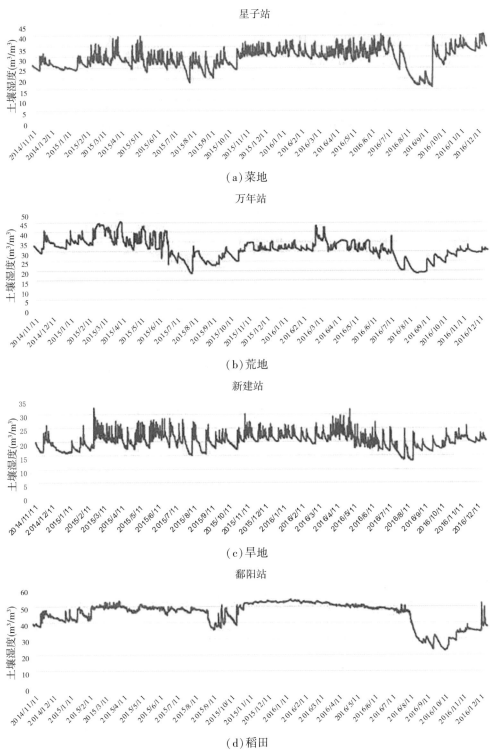

图 2-10　部分监测站点 2014—2016 年 0~10cm 土壤湿度实测数据

图 2-11　鄱阳湖流域土壤湿度传感网现场布设情况

无线传感网以其自组织性、低能耗、低成本等特点成为新一代环境监测的研究热点，基于无线传感网络技术搭建的监测系统也已成为该领域的发展趋势[16]。野外无线传感网监测数据的传输根据需要可以通过如 GPRS、ZigBee 和微波通信等多种技术来实现。

1. GPRS

GPRS 是通用分组无线服务技术的简称，它是 GSM 移动电话用户可用的一种移动数据业务，以封包式来传输，用户在数据通信过程中不固定占有无线信道，费用以其传输资料大小计算，价格相对合理。适合分布稀疏、距离较远的传感网组网模式。目前在蜂窝网络基础上升级而来的窄带物联网技术（Narrow Band Internet of Things，NB-IoT）发展极其迅猛，预测未来将覆盖 25% 的物联网连接。因具备广覆盖、海量连接、低功耗、低成本优势，NB-IoT 的覆盖与传统 GSM 网络相比，一个基站可以提供 10 倍的面积覆盖；在 200kHz 频率下，NB-IoT 一个基站可以提供 10 万个连接；NB-IoT 通信模组电池可以 10 年独立工作不需要充电；NB-IoT 基于蜂窝网络，可直接部署于现有的 GSM 网络、UMTS 网络或 LTE 网络，运营部署成本较低，将实现向 4.5G 平滑升级。

2. ZigBee

ZigBee 是基于 IEEE 802.15.4 标准的低功耗局域网协议，主要适用于自动控制和远程控制领域，其特点是低能耗和自组织，1 个节点适量干电池可支持 6~24 个月，网络模块在通信范围内可通过彼此自动寻找，快速形成互联的 ZigBee 网络；但是传输距离近、速率低，传输范围一般为 10~100m，在增加发射功率后可增加到 1~3km，工作在 20~250kbps 速率[17]。适用于传感器数据较多，部署较为集中的场景。

3. 微波

GPRS 通道虽然也可以用于传输视频，但对于 360°全景高分辨率监控视频来说，一般流量太大。微波的通道宽，适合大数据量的高清视频传输。直线距离内无障碍时，可以考虑采用微波传输。有条件的可以在湖区附近设置中转站，接收数据后通过 Internet 互联网进行传输。

图 2-12 为鄱阳湖局部区域布设的无线传感网络架构，表 2-2 为鄱阳湖水质气象站传感

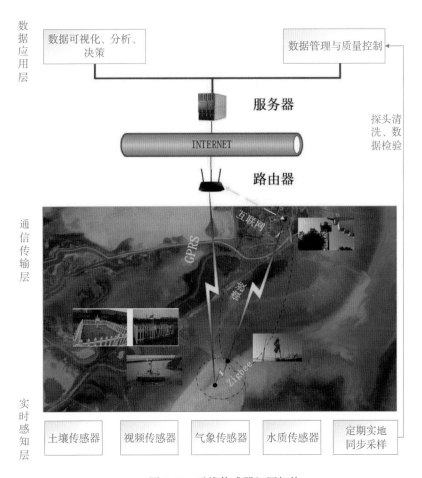

图 2-12　无线传感器组网架构

器常用列表，表2-3为土壤传感器列表。值得注意的是，国内自动监测设备对于仪器的使用和维护不一定规范，水质数据的质量控制方法的合理性和准确性需要进一步探索，需要定期对实地同步采集样本进行检查，并对设备探头进行清洗维护。

表 2-2   鄱阳湖水质气象站传感器一览表

类别	产品名称	量程	分辨率	准确度
气象传感器	大气温度传感器	−50~60℃	0.01℃	±0.2℃
	大气湿度传感器	0~100%RH	0.1%RH	±1%RH
	大气压力传感器	500~1100hPa	0.01hPa	±0.02 hPa
	风速传感器	0~100m/s	0.1m/s	±0.2m/s
	风向传感器	0°~360°	1°	±2°
	雨量传感器	0~1000mm	0.1mm	±1%
水质水文传感器	水 pH 传感器	0~14pH	0.01pH	±0.02pH
	水盐度传感器	0~40000ppm	1ppm	±3%
	水溶解氧传感器	0~20mg/L	0.001mg/L	±1%
	水温度传感器	−50~60℃	0.01℃	±0.2℃
	ORP 传感器	−1999~1999mV	0.1mV	±0.2mV
	TDS 传感器	0~2000μS/cm	0.01μS/cm	±1%
	水电导率传感器	0~20μS/cm ($K=0.01$)	0.01μS/cm	±1%
	浊度传感器	0~30g/L	根据测量的结果显示至小数点后0~2位数值	±1%
	叶绿素传感器	0~500Ug/L	根据测量的结果显示至小数点后0~2位数值	±5%

表 2-3　　　　　　　　　　　　　　　　土壤传感器一览表

类别	设备名称	指标说明
传感器类	土壤温度传感器	测量范围：-50~80℃；准确度：±0.2℃
	三维倾角传感器	量程：0~70ms/s；分辨率：0.1m/s； 准确度：±(0.3+0.03V)m/s 启动风速：≤0.8m/s
	陀螺仪	量程：0~360；分辨率：1；准确度：±3
	土壤湿度传感器	测量范围：0~100%；准确度：±5%
	土壤 pH 传感器	测量范围：0~14pH；准确度：±0.2pH；分辨率：0.1pH
	土壤电导率传感器	量程：0.2~10ms/cm；精度：<1%
	自动气象站数据采集仪（带液晶）	多通道数据采集仪；带 232 和 485 接口； 中文 LCD 屏带背光；220V 交流/12V 直流并存
支架类	不锈钢防护箱	放置数据采集仪、GPRS 无线模块、蓄电池、太阳能控制器
	镀锌管支架（2.5m）	定制 2.5m、10m 支架（具体根据实际安装地点定）
通信类	GPRS 无线传输模块	传输模块（不含通信费用）
	充电控制器	全自动控制器

2.3　遥感监测方法

遥感定量反演作为一种可快速、大范围获取生态环境信息的监测手段，已成为湖泊环境监测技术发展的重要方向。利用光学传感器、雷达测高计和合成孔径雷达等手段可以获取湖泊水体的水位水量，内陆水色遥感定量反演理论与技术的发展为水质水环境相关参数的获取提供了可行性[18]。当前，遥感对地观测已经进入多平台、多传感器、多角度发展阶段。国内外已经发射了大量可用于地表监测的遥感卫星。其中许多遥感数据可用于湖泊生态环境监测[20]，例如存档影像的有 AATSR、AVNIR-2、Landsat TIR、Landsat TM、MERIS 等，正在运行的有 ASTER、AVHRR、Landsat ETM、Landsat OLI、Landsat TIRS、MODIS、Proba-1 CHRIS、Quickbird、RapidEye、Sentinel-2、WorldView-2 等，将要来临的有 EnMAP、HySpIRI VSWIR、HySpIRI TIR、PRISMA、Sentinel-3 等。反演的水生态环境指标主要包括有色溶解有机物 CDOM（Colored Dissolved Organic Matter）、悬浮颗粒（SPM）、透明度（Z_{SD}）、浑浊度（Turbidity）、漫反射（K_d）、叶绿素 a（Chl-a）、蓝藻（Cyano）、底质植被（SAV）、水深（Z_B）、表层温度（T_{surf}）、冰层（Ice）等。通过遥感反演的指标能反映出水体透明度、生物、水位、温度、冰物候等与湖泊生态环境相关的属性[24]。

针对湖泊流域生态环境参数遥感定量动态监测的需求，以多源多尺度遥感数据为基础，结合地理国情监测数据、流域生态观测传感网数据、实地采样数据和实验室分析数据等，设置涵盖陆地生态环境参数、水环境参数、大气环境参数、土壤环境参数、城镇发展与环境参数、湿地环境参数等系列流域生态环境参数。其中陆地生态环境参数包括森林覆盖指数、植被指数、林地健康指数、叶面积指数、干旱指数、作物生长指数、土地沙化指数等；水环境指数包括水面积、悬浮物浓度、叶绿素浓度、浑浊度、富营养化指数等；大气环境参数包括气溶胶光学厚度、PM$_{2.5}$、PM$_{10}$、空气质量指数等；土壤环境参数包括土壤含水量、土壤肥力、土壤污染指数等；城镇发展与环境参数包括城市夜光强度、人类活动强度指数等；湿地环境参数包括湿地植被覆盖度、湿地环境指数等。同时考虑在现有定量遥感产品体系(如 MODIS、Landsat、GF 等)反演的可行性和分析湖泊流域特点的基础上，综合分析多源遥感数据的特点，形成定量遥感监测指标体系，并结合土壤、地理国情数据库统计指标，构建监测指标产品，见表2-4。

表 2-4　　　　　　　　　　　　　监测指标产品表

类别	遥感产品	空间范围	空间分辨率	时间分辨率	主要传感器/数据源
大气环境参数	气溶胶光学厚度	鄱阳湖流域	16m/1000m	1 天	GF-1 WFV，MODIS
	AQI(大气质量指数)、PM$_{10}$、PM$_{2.5}$	鄱阳湖流域	16m/1000m	1 天	GF-1 WFV，MODIS
水环境参数	降水量	鄱阳湖流域	0.25 度	1 天	TRMM
	湖底高程与水容量	鄱阳湖区	250m	1 年	MODIS
	水面积	鄱阳湖区	250m	1 天	MODIS
	悬浮泥沙浓度	鄱阳湖区	250m	1 天	MODIS
	浑浊度	鄱阳湖区	250m	1 天	MODIS
	叶绿素浓度	鄱阳湖区	300m	12 天	MERIS
	富营养化指数	鄱阳湖区	300m	12 天	MERIS
	水网密度指数	鄱阳湖流域	按县级行政区统计	1 年	地理国情普查数据库
湿地环境参数	湿地植被覆盖	鄱阳湖区	100m	5 天	Proba-V
	湿地淹水频率	鄱阳湖区	16m	10 天	GF-1 WFV
	湿地环境指数	鄱阳湖区	300m	1 年	欧空局 CCI 数据

类别	遥感产品	空间范围	空间分辨率	时间分辨率	主要传感器/数据源
土壤环境参数	土壤含水量	鄱阳湖流域	30m	12 天	Sentinel-1
	土壤肥力	江西省	1km	1 年	中国地表建模土壤数据库
	土壤污染指数	江西省	1km	1 年	中国地表建模土壤数据库
陆地生态环境参数	干旱指数	鄱阳湖流域	1km	16 天	HJ-B，MODIS
	叶面积指数	鄱阳湖流域	16m，1km	1 天	GF-1 WFV，MODIS
	植被指数	鄱阳湖流域	16m，1km	1 天	GF-1 WFV，MODIS
	作物生长健康指数	鄱阳湖流域	250m	16 天	MODIS
	森林覆盖指数	鄱阳湖流域	30m	1 年	Landsat TM/ETM+/OLI
	沙化裸露土地指数	鄱阳湖流域	30m	16 天	Landsat TM/ETM+/OLI
	人类活动指数（夜光强度指数）	鄱阳湖流域	2.7km	1 年	DMSP-OLS
	地质灾害风险指数	鄱阳湖流域	500m	1 年	MODIS 及综合数据库
	生物多样性指数	鄱阳湖流域	按县级行政区统计	1 年	地理国情普查数据库

2.4 数值模拟方法

2.4.1 水文水动力水环境模拟

开展湖泊的数值模拟，需要入湖口的径流量数据作为上边界条件。鄱阳湖是一个面积数千平方千米的大尺度湖泊，多条河流汇入其中，边界条件极其复杂。河流上水文测站的位置离湖泊有相当距离，在水文测站以下的环湖区域，河道细分交错，存在多个入湖口，没有水文测站难以获取径流观测数据。而且径流是一个主要受降雨因素驱动在不停动态变化的量，间或地观测不能获取准确的入湖径流量。由于通江湖泊受上游径流来水与长江水位过程双重影响，水情复杂、变化迅速，必然也会导致水环境的高动态变化问题。因此十分有必要从流域与湖泊之间上下游关系的视角，来完整地研究流域的降水、径流作用对湖泊水动力和水环境的影响，从流域尺度模型的求解输出来作为湖泊尺度模型的输入，以弥补湖泊模型边界条件的不足。因此，本节提出空天地一体化湖泊流域水文水动力时空耦合模拟的研究方法，如图 2-13 所示。

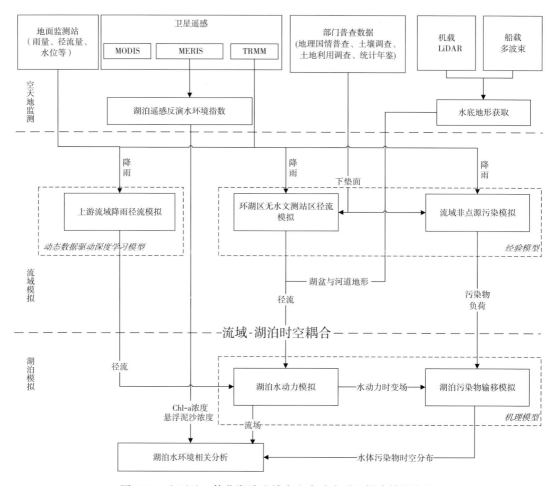

图 2-13　空天地一体化湖泊流域水文水动力时空耦合模拟方法

在数据获取方面，采用空天地结合的手段，通过 TRMM 卫星获取逐日降水数据，通过环境卫星反演水环境参数；通过地面监测站传感器获取雨量、径流量、水位等数据；通过机载 LiDAR 和船载多波束获取湖区地形。

建立上游流域降雨径流汇水、环湖无水文测站区降雨径流和下游湖泊水动力三者间时空耦合模拟的联合模型。联合模拟中使用的模型包括机理模型、经验模型，以及动态数据驱动的深度学习模型。在上游流域，基于深度学习方法，建立一个能充分利用降水数据历史信息、地面雨量站数据、水文测站的动态观测反馈数据，以更高的精度和运行效率对流域降雨汇水径流进行模拟预测的水文模型。在环湖无水文测站区域，通过水动力模拟方法计算无水文测站区的各分支径流量，并在考虑下垫面性质的基础上建立经验模型来模拟降

24

雨径流，将两者结合获取入湖的径流量。在湖泊水体区域，通过建立水动力机理模型来进行模拟。在此时空耦合框架下，集成流域非点源污染模型和湖泊水动力场结果，模拟湖泊中污染物的高动态连续时空分布，可开展对湖泊水环境的应用分析。不同模型之间的耦合方式为外部耦合，通过径流、水动力场、污染物负荷的输入输出来连接不同模型。在时间耦合上，将上游流域径流模型、环湖无水文测站区径流模型的日尺度径流模拟结果作为下游湖泊水动力模型的输入驱动数据；将流域非点源污染模型模拟输出的日尺度污染物负荷与水动力模型模拟输出的水动力时变流场，作为湖泊污染物输移模型的输入驱动数据；在空间耦合上，需要细化环湖区水文分区并概化径流入湖口，以便同时满足水文模型的输出与水动力模型的输入条件。

上游流域径流模型、环湖区径流模型和流域非点源污染模型在时间序列上均通过日降雨数据来驱动，从而建立一个能够表征流域降雨对湖泊水情影响的完整的湖泊流域联合模型，来研究水动力水环境变化规律。

2.4.2　模拟所需数据

研究使用的主要数据包括：

（1）卫星降水数据。选取 2000—2005 年在鄱阳湖流域内的 TRMM.3B42.V7 日降雨数据，可用于流域水文模型，是降雨径流模拟的主要驱动数据。鉴于数据的不确定性会带来模拟结果的不确定性，而 TRMM.3B42.V7 降水在不同地理区域的精度是有差异的[25]，后续章节针对该数据在鄱阳湖流域在不同时间尺度上的不确定性进行了评估。

（2）气象数据。地面气象监测站降水和蒸发皿日尺度数据。用于卫星降水数据融合，参与流域水文模型模拟驱动。

（3）湖区地形数据。地形是基础的地理环境数据，湖区陆地与水底地形对湖泊的水位、水质、水流、湖盆淤积、湖区植被、微气候以及围湖拦湖重大水利工程而言都是最基础的自然环境要素，地形数据的精准度也对水文水动力模型模拟的准确度十分重要。

（4）水文数据。虬津、万家埠、外洲、李家渡、梅港、石镇街、渡峰坡、湖口水文站点 2005 年日尺度径流量数据。湖口、星子、都昌、棠荫、康山站点的 2005 年日尺度水位数据。用于水文模型和水动力模型的驱动或验证数据。

（5）土地利用数据。反映地表覆盖类型，用于流域水文模型、非点源污染模型。

（6）湖泊遥感反演数据。通过遥感反演获取悬浮泥沙、叶绿素等湖泊水体生态参数，可用于湖泊水环境成因分析。

（7）土壤类型数据。鄱阳湖流域全国第二次土壤调查成果，刻画土壤水力、持水属性，可用于流域水文模型、非点源污染等模型。

（8）基础 GIS 数据。流域数字高程模型、地理国情普查水网、水文站和气象站点位等，用于进一步划分研究区子流域，该分区是后续模拟模型的边界和前提条件。

表 2-5 模拟所需主要数据列表

数据类型	数据来源	空间分辨率/ 比例尺/数量	数据用途	数据年代
遥感日降水数据 TRMM. 3B42. V7	NASA Earth Data 网站 https：//mirador. gsfc. nasa. gov	0.25°格网	流域水文模型	2000—2005 年
气象站日降水量、 蒸发数据	中国气象数据网 http：//data. cma. cn	40 个	流域水文模型	2000—2005 年
入湖河道、湖口 出流水文站日径 流数据	江西省水文局	8 个	流域水文模型	2000—2005 年
湖泊水位站日水 位数据	江西省水文局	5 个	湖泊水动力模拟 验证	2005 年
湖区地形数据	鄱阳湖基础地理测量项目、鄱阳湖 LiDAR 数据处理项目	1：10000	湖泊水动力模型、 污染物输移模型	—
土地类型数据	全国第二次土地调查	1：10000	流域水文模型	2008 年
遥感反演数据	European Space Agency https：//earth. esa. int/web/guest/home	300m 分辨率	叶绿素 a 反演	2005 年
土壤类型数据	全国第二次土壤调查	1：4000000	流域水文模型	
统计数据	江西省统计年鉴、江西省社会经济统 计数据	—	非点源污染模型	2006 年出版
基础 GIS 数据	流域 DEM、地理国情普查水网、水文 气象站点位等	1：10000、 1：250000	流域水文模型、 非点源污染模型	—

2.5 本章小结

本章在天地一体化生态环境动态监测框架下，介绍了各种数据获取方法，包括传统的地理国情普查方法、地面传感网方法、遥感监测方法，以及数值模拟方法。联合支撑湖泊流域环境这一涵盖植被、土壤、大气、水文和水质等多种生态环境要素的复杂系统，在卫星遥感、地面传感器网综合感知与模拟下的多模态协同动态监测。

参 考 文 献

[1]红线罗. 地理国情监测动态更新关键技术分析[J]. 测绘与地质, 2022, 3(2): 35-36.

[2]祥祁. 可靠性地理国情动态监测的理论与关键技术探讨[J]. 测绘与地质, 2022, 3(2): 54-56.

[3]朱明, 李景文, 吴博, 等. 基于深度学习的高分辨率卫星影像地表覆盖分类方法[J]. Journal of Guilin University of Technology, 2022, 42(1).

[4]NAUSHAD R, KAUR T, GHADERPOUR E. Deep transfer learning for land use and land cover classification: A comparative study[J]. Sensors, 2021, 21: 8083.

[5]WAMBUGU N, CHEN Y, XIAO Z, et al. A hybrid deep convolutional neural network for accurate land cover classification[J]. International Journal of Applied Earth Observation Geoinformation, 2021, 103(4): 102515.

[6]JALLY S K, MISHRA A K, BALABANTARAY S. Retrieval of suspended sediment concentration of the Chilika Lake, India using Landsat-8 OLI satellite data[J]. Environmental Earth Sciences, 2021, 80(8): 1-18.

[7]WOMBER Z R, ZIMALE F A, KEBEDEW M G, et al. Estimation of suspended sediment concentration from remote sensing and in situ measurement over Lake Tana, Ethiopia[J]. Advances in Civil Engineering, 2021, 2021(9948780): 17.

[8]NA Z L, YAO H M, CHEN H Q, et al. Retrieval and evaluation of chlorophyll-A spatiotemporal variability using GF-1 imagery: case study of qinzhou bay, China[J]. Sustainability, 2021, 13(9): 4649.

[9]樊志强, 王志国, 黄平平, 等. 基于高光谱影像湖泊叶绿素 a 浓度反演分析[J]. 生态科学, 2023, 42(1): 121.

[10]SA'AD F N A, TAHIR M S, JEMILY N H B, et al. Monitoring total suspended sediment concentration in spatiotemporal domain over Teluk Lipat utilizing Landsat 8 (OLI)[J]. Applied Sciences, 2021, 11(15): 7082.

[11]王惠琴, 侯文斌, 彭清斌, 等. 基于 K 均值聚类的 SPPM 分步分类检测算法[J]. 通信学报, 2022, 43(1): 161-171.

[12]JI X, HUANG L, TANG B H, et al. A Superpixel Spatial Intuitionistic Fuzzy C-Means Clustering Algorithm for Unsupervised Classification of High Spatial Resolution Remote Sensing Images[J]. Remote Sensing, 2022, 14(14): 3490.

[13]邵攀, 范红梅, 高梓昂. 基于自适应半监督模糊 C 均值的遥感变化检测[J]. 地球信息

科学学报，2022，24（3）：508-521.

[14] NEDD R, LIGHT K, OWENS M, et al. A synthesis of land use/land cover studies: Definitions, classification systems, meta-studies, challenges and knowledge gaps on a global landscape[J]. Land, 2021, 10(9): 994.

[15] 黄艳，郑玮. 基于无线传感器网络的森林生态系统观测试验平台构建[J]. 遥感技术与应用，2021，36（3）：502-510.

[16] ROUTRAY S K. Narrowband Internet of Things[M]. IGI Global, 2021: 913-923.

[17] ADI P D P, SIHOMBING V, SIREGAR V M M, et al. A performance evaluation of ZigBee mesh communication on the Internet of Things (IoT)[C]. IEEE, 2021: 7-13.

[18] 陈方方，王强，宋开山，等. 基于 Sentinel-3OLCI 的查干湖水质参数定量反演[J]. 中国环境科学，2023，43（5）：2450-2459.

[19] 王歆晖，巩彩兰，胡勇，等. 水质参数遥感反演光谱特征构建与敏感性分析[J]. Spectroscopy, 2021, 41(6): 1880-1885.

[20] DEKKER A, HESTIR E. Evaluating the feasibility of systematic inland water quality monitoring with satellite remote sensing[J]. Commonwealth Scientific Industrial Research Organization, Canberra, Australia, 2012.

[21] DRUSCH M, DEL BELLO U, CARLIER S, et al. Sentinel-2: ESA's optical high-resolution mission for GMES operational services[J]. Remote Sensing of Environment, 2012, 120: 25-36.

[22] HESTIR E L, BRANDO V E, BRESCIANI M, et al. Measuring freshwater aquatic ecosystems: The need for a hyperspectral global mapping satellite mission[J]. Remote Sensing of Environment, 2015, 167: 181-195.

[23] LEE C M, CABLE M L, HOOK S J, et al. An introduction to the NASA Hyperspectral InfraRed Imager (HyspIRI) mission and preparatory activities[J]. Remote Sensing of Environment, 2015, 167: 6-19.

[24] ADRIAN R, O'REILLY C M, ZAGARESE H, et al. Lakes as sentinels of climate change [J]. Limnology and oceanography, 2009, 54(6part2): 2283-2297.

[25] 刘少华，严登华，王浩，等. 中国大陆流域分区 TRMM 降水质量评价[J]. 水科学进展，2016，27（5）：639-651.

第 3 章

生态环境参数遥感监测

3.1 引　言

遥感定量反演作为一种可快速、大范围获取生态环境信息的监测手段，成为湖泊环境监测技术发展的重要方向。针对鄱阳湖区域，生态环境遥感反演相关研究方向主要有：①研究水体悬浮泥沙浓度。如应用 HJ-CCD 传感器指数的鄱阳湖悬浮物总量浓度遥感监测[1]，鄱阳湖高浑浊水体悬浮颗粒物粒径分布及其对遥感反演的影响[2]，鄱阳湖丰水期、枯水期悬浮体浓度、粒径分布特征及其对水质的影响[3]。②水体叶绿素浓度。如采用 MERIS 2009—2011 长时间序列影像研究鄱阳湖叶绿素 a 时空变化分布模式[5]。③研究湖泊底质情况。如研究鄱阳湖不同底质分布对水质（氮、磷含量）的影响分析[6]。④研究湿地变化情况。如采用长时间序列的 Landsat 和 HJ-1A/1B 影像研究鄱阳湖近 40 年湿地变化[7]；国家自然科学基金课题"鄱阳湖湿地界面过程的定量遥感研究"从植被-土壤-大气的相互关系出发，应用定量遥感技术，对鄱阳湖湿地界面的生态过程进行模拟研究，探索定量遥感研究湿地界面过程的方法。⑤研究土壤湿度与蒸散发。如基于 HJ-1A/1B 卫星获取 TVDI（温度植被干旱指数）对鄱阳湖流域干旱监测进行研究[8]。⑥研究水量水位。如对比不同主动遥感方式的卫星测高传感器数据的获取能力，分别选用 ICESat-GLAS 和 Envisat-RA2 两种不同的卫星测高数据用于鄱阳湖湿地水位监测，建立了以卫星测高传感器反演结果固化为"高度计"站的方式与实测水位监测数据结合的方法；采用 MODIS 影像提取水面边界范围，分析了鄱阳湖的面积日变率、季相变化规律及年际变化趋势[9]。

遥感监测能够方便地获取大范围的环境状况，采集更新快、分辨率与数据类型多、易于反映空间趋势性变化，但容易受天气状态影响，有效时间周期不确定；现有流域生态环境监测方法从单一系统来源的低分辨率数据处理方法基础上发展而来，而每种传感器在空间、光谱、主动、被动方面各有优势，往往联合多源遥感才能较为全面感知与互补[10]。

针对湖泊流域生态环境参数遥感定量动态监测的需求，以多源多尺度遥感数据为基础，结合地理国情普查数据、流域生态观测传感网数据、实地采样数据等，研究涵盖陆地生态环境参数、水环境参数、大气环境参数、土壤环境参数、城镇发展环境参数、湿地环境参数等一系列流域生态环境参数的遥感反演模型[15]。

3.2 陆域生态环境参数模型

3.2.1 森林指数

森林在绿波段和近红外波段与一般的非森林植被之间存在明显的差异，采用绿波段和近红外波段的组合在植被中突出森林地表覆盖。利用森林和非森林在红、绿和近红外波段特征的差异，发展一种森林指数方法，用来提取森林覆盖范围并实现变化监测。森林指数模型如下：

$$FI = NDVI\left(\frac{C_1 - \rho_{NIR}}{C_2 + \rho_{green}}\right) = \left(\frac{\rho_{NIR} - \rho_{red}}{\rho_{NIR} + \rho_{red}}\right)\left(\frac{1 - \rho_{NIR}}{0.1 + \rho_{green}}\right) \qquad \text{式(3-1)}$$

式中，FI 为森林指数，NDVI 是归一化植被指数，ρ_{red} 为红波段的反射率，ρ_{green} 为绿波段的反射率，ρ_{NIR} 为近红外波段的反射率，分析发现森林指数随着绿波段和近红外波段反射率的减少而增加，从而突出森林植被地表覆盖，因此 FI 能够在地表覆盖中增强森林信号，实现森林的遥感提取。图 3-1 所示分别为原始反射率影像、森林指数影像和森林覆盖影像。

 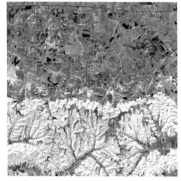 

（a）原始反射率影像　　　　　（b）森林指数影像　　　　　（c）森林覆盖影像

图 3-1

通过反复试验的方式，获得鄱阳湖流域不同区域的森林指数分割阈值经验值。分区对鄱阳湖流域实现了森林范围提取。获得了 2000 年和 2014 年该区域的森林覆盖范围图。基于现场调研、Google Earth 高分影像目视判别，森林指数方法提取森林的整体精度为 82%（2000 年）和 86%（2014 年）。

基于森林指数获取江西省 1990 年、2000 年、2014 年森林分布产品。现场调研和 Google Earth 高分影像目视判别，其精度可达到 85% 以上。遥感监测结果显示：森林覆盖面积 1990 年为 7.51 万平方千米，2000 年为 8.43 万平方千米，2014 年为 9.67 万平方千米。分设区市统计的森林变化情况见图 3-2。20 多年间江西省森林面积持续增加（见图 3-3），其中在 1990—2000 年，各地从非森林到森林的面积大量增加，同时森林减少的面积则不多，使得江西省森林面积在此期间显著增加；在 2000—2014 年，各地森林增加的趋势放缓。全省除南昌市外，各地土地类型主要以森林为主。

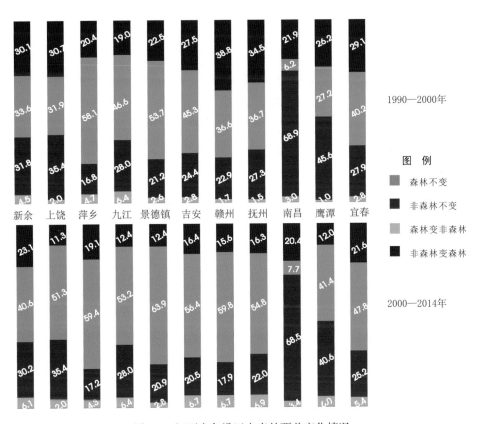

图 3-2　江西省各设区市森林覆盖变化情况

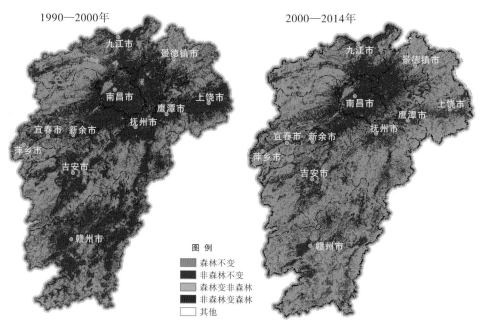

图 3-3　江西省森林覆盖变化

3.2.2　叶面积指数

叶面积指数(LAI)作为植被冠层的重要结构参数之一，是许多生态系统生产力模型和全球气候、水文、生物地球化学和生态学模型的关键输入参数。遥感数据是长期连续获取陆地植被 LAI 的有效方法。利用 GF-1 卫星 WFV 16m 多光谱数据，基于实测 LAI 数据和MODIS LAI 产品数据，采用非线性回归反演方法，建立鄱阳湖流域 LAI 遥感反演模型。

对 GF-1 卫星 WFV 16m 数据进行几何校正、辐射校正和大气校正等预处理，获得 GF-1WFV 遥感反射率数据。将 GF-1 16m 遥感反射率利用 NDVI 公式（NDVI =（NIR−RED）/（NIR+RED））生成 16m 分辨率的 NDVI 值，然后将 GF-1 16m 的 NDVI 值降尺度成 1km NDVI 数据，与 MODIS LAI 产品的空间分辨率一致。将 MODIS LAI 和 GF-1 NDVI(1km)两者建立反演模型，采用指数函数、对数函数、幂函数、二次函数等非线性回归反演对比可知，采用指数函数模型时两者之间具有较好的相关性，夏冬季节决定系数 R^2 最高，R^2 和 RMSE 分别为 0.697 和 1.100（表 3-1），置信度为 0.99，采用夏冬季节模型更具有普适性。因此，考虑所有样本情况下，基于 GF-1 NDVI 和 MODIS LAI 数据的 LAI 指数遥感反演模型作为反演 LAI 的最佳模型。

表 3-1　基于 GF-1 NDVI 和 MODIS LAI 数据的 LAI 指数遥感反演模型($\text{LAI}=a \cdot \exp(b \cdot x)$)

季节	样本数(个)	a	b	R^2	RMSE
夏季	5056	0.4946	2.8703	0.476	1.248
冬季	5215	0.2061	3.8642	0.579	0.963
夏冬季节	10271	0.2300	3.8686	0.697	1.100

注：变量 x 为 GF-1 卫星的 NDVI 值。

将决定系数(R^2)和均方根误差(RMSE)作为评价指标，从反演的 GF-1 LAI 值和 MODIS 产品以及实测值的散点图(图 3-4)可知，图 3-4(a)为 MODIS 随机点的 LAI 值与相应的 GF-1 LAI 估算值的对比图，R^2 和 RMSE 分别为 0.627 和 0.883，因此该模型可以用于反演 GF-1 16m 的 LAI。然而，从图 3-4(b)可知，R^2 和 RMSE 分别为 0.598 和 1.526，与地面实测 LAI 相比，最佳模型反演的 GF-1 LAI 存在高估现象，主要是由于 MODIS 产品本身在林地类型上 LAI 值存在高估。

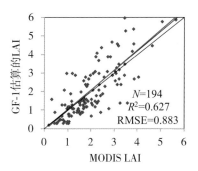 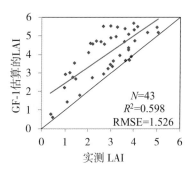

(a) GF-1 估算的 LAI 值与 MODIS LAI 产品数据对比　　(b) GF-1 估算的 LAI 值与实测值对比

图 3-4　基于 GF-1 和 MODIS 产品数据估算值与实测值的散点图

1. 鄱阳湖流域 LAI

通过构建的鄱阳湖流域 LAI 反演模型，获得了鄱阳湖流域夏季(2015 年 8 月 3 日)、冬季(2014 年 12 月 24 日)2 个时期的 LAI 16m 时空分布(图 3-5)。在夏季，GF-1 16m 分辨率的 LAI 值范围在 0~7.539，平均值为 2.15，标准差为 2.24；在冬季，GF-1 16m 分辨率的 LAI 值范围在 0.21~7.38，平均值为 0.941，标准差为 1.165；因此在鄱阳湖流域 LAI 的季节变化较大，冬季和夏季平均值相差 2 倍多。

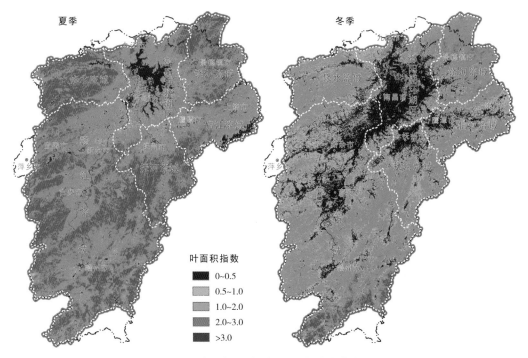

图 3-5　鄱阳湖流域植被夏、冬季指数变化

2. 鄱阳湖区典型月份植被 NDVI

利用 Proba-V（空间分辨率 100m）5 天合成归一化植被指数（NDVI）产品，对鄱阳湖生态经济区 2014 年 3 月、6 月、9 月、12 月植被覆盖度进行对比（见图 3-6）。结果显示：鄱阳湖生态经济区植被覆盖特征是夏、秋季高，春、冬季低。植被覆盖度较高、较稳定地区为鄱阳湖生态经济区西北部和东北部地区。年内鄱阳湖经济生态区植被覆盖度变化主要受农田、草洲及小部分林地区域变化影响。

3.2.3　干旱指数

研究表明，如果某区域的遥感数据涵盖了从裸土到植被全覆盖以及地表水分从干到湿的变化，则以通过遥感获得的地表温度为纵坐标，以植被指数为横坐标构成的像元散点图，呈三角形或梯形。随着植被覆盖增加，植被通过蒸腾作用将吸收的辐射能部分转化为潜热的能力会加强，而转化显热的作用相对减弱，表面温度呈下降趋势。地表干旱缺水时，植被蒸腾转化为潜热的能量降低，显热交换增加，地表温度会迅速升高，对应于图3-7中的干边；反之，土壤湿度较大，地表温度增加较少，对应于图 3-7 中的湿边。

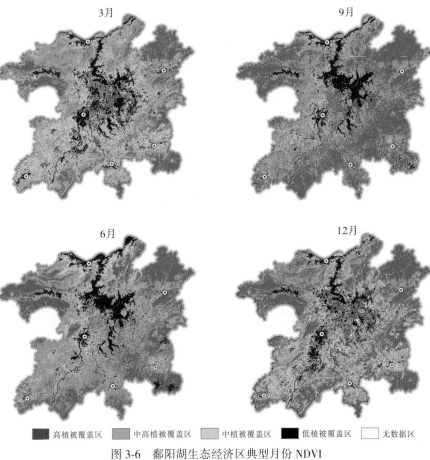

3月　　9月

6月　　12月

■ 高植被覆盖区　■ 中高植被覆盖区　□ 中植被覆盖区　■ 低植被覆盖区　□ 无数据区

图 3-6　鄱阳湖生态经济区典型月份 NDVI

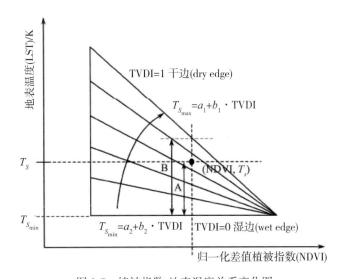

图 3-7　植被指数-地表温度关系变化图

基于 LST-VI 的这种特征空间，Sandholt 等提出表征土壤旱情的指数，即温度植被干旱指数（TVDI），它以卫星数据获取的地表温度（LST）与植被指数（VI）为基础，计算公式如下：

$$\text{TVDI} = \frac{T_S - T_{S_{\min}}}{T_{S_{\max}} - T_{S_{\min}}} = \frac{T_S - (a_2 + b_2 \text{NDVI})}{a_1 + b_1 \text{NDVI} - (a_2 + b_2 \text{NDVI})} \qquad \text{式（3-2）}$$

TVDI 取值在 0 到 1 之间，干边对应的 TVDI 值为 1，湿边对应的 TVDI 值为 0，TVDI 值越大，土壤湿度越低，表明土壤缺水越严重。大量研究证实，土壤含水量和 TVDI 之间满足线性关系。因此，可以利用 TVDI 线性模型构建土壤湿度反演模型，对试验区的干旱状况进行遥感监测。T_S 为 8 天合成的空间分辨率为 1km 的陆地表面温度产品 MODIS11A2，NDVI 为 16 天合成的空间分辨率为 1km 的植被指数产品 MODIS13A2。$T_{S_{\min}}$ 对应于相同 NDVI 像元下的最低温度，$T_{S_{\max}}$ 对应于相同 NDVI 像元下的最高温度，参数 a、b 可以通过 T_S-NDVI 特征空间的干湿边拟合得到。

3.2.4　作物生长指数

作物长势或作物生长指数的构建建立在绿色植物光谱反射理论基础上。绿色植物随着叶片中叶肉细胞、叶绿素、水分含量、氮素及其他生物化学成分的不同，在不同波段会呈现出不同的形态和特征的光谱曲线，如出现"蓝边""绿峰""红谷"等独特的光谱现象。因此，不同作物或同一作物在不同的环境条件、不同的生产管理措施、不同生育期，以及作物营养状况不同和长势不同时都会表现出不同的光谱反射特征，在遥感影像上表现为光谱数据的差异。植被指数如叶面积指数（LAI）、归一化植被指数（NDVI），可以从不同的角度反映作物的生长态势及空间变异信息，因此可作为定性和定量评价植被覆盖及评价作物生长状况的指标。

在目标作物生育期内，获取多时相卫星遥感影像数据，依据作物生长发育特点，结合获取的多时相卫星遥感影像数据，基于作物遥感影像光谱信息时间及空间变化特征构建平年期作物植被指数的平均水平（均值）和变化水平（标准差）；提取作物长势植被指数；选取生育期作物的卫星遥感影像，依据卫星遥感影像数据特点，提取不同植被指数作为作物长势参数，形成作物长势植被指数图。

江西省作物生长指数是利用 2000—2014 年 250m 分辨率 8 天合成的 MODIS NDVI 数据，统计 NDVI 月均值的变率。

$$\sigma = \sqrt{\frac{1}{N} \sum_{i=1}^{N} (x_i - \mu)^2} \qquad \text{式（3-3）}$$

式中，σ 为 2000—2014 年植被指数的月均值的变率，N 为年基数（2000—2014 年共 15 年），x_i 为第 i 月 NDVI 的月均值，μ 为 2000—2014 年历年 NDVI 的月均值。

作物生长指数中，变率越大，表明当前监测作物偏离正常作物生长水平越大，长势异常。

基于作物健康状况指数对 2000—2014 年共 15 年数据进行监测，利用多时相 250m 分辨率 8 天合成的 MODIS NDVI 数据，基于作物遥感影像光谱信息时间及空间变化特征构建平年期作物植被指数的平均水平（均值），计算其变化水平（标准差）；计算作物健康状况指数。图 3-8 为江西省植被 NDVI 1、4、7、10 月的健康指数分布。

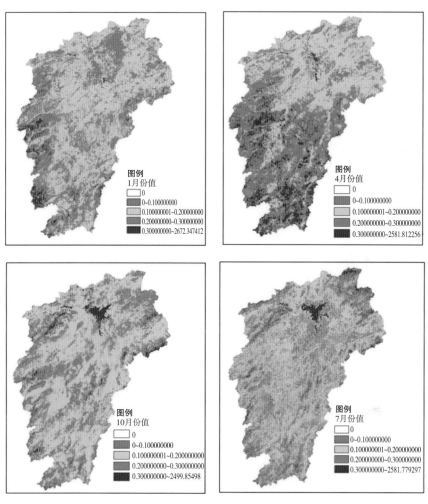

图 3-8　鄱阳湖流域植被健康指数季节变化

3.2.5　土地沙化指数

利用区域土壤实地光谱测量数据（图 3-9），对比分析不同土壤的光谱特征，计算沙化指数 The Normalized Difference Soil Index(NDSI)。

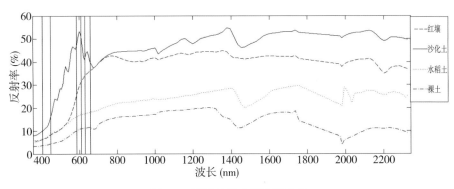

图 3-9　不同种类土壤光谱曲线

Landsat-8 选用第 3 波段(530~590nm)和第 1 波段(430~450nm)。其计算方法采用系数法。

$$NDSI = \frac{\rho_{green} - \rho_{blue}}{\rho_{green} + \rho_{blue}} \qquad 式(3-4)$$

$$NDSI_P = 100 + 100 \times NDSI \qquad 式(3-5)$$

值域范围为 100~200,值越大沙化程度越高。

利用沙化裸露土地指数对鄱阳湖生态经济区进行监测。精度验证评价方法参考监督分类的精度评价流程,以随机布点的方式生成验证点,以实测数据、Google Earth 影像作为真值的参考,并与监督分类的结果进行对比,分别计算提取的正确点和错误点的比例,从而获得精度指标。最终产品的精度评价结果可达 88%。

鄱阳湖生态经济区沙化裸露土地提取分布见图 3-10。分区县统计见图 3-11,此处仅统计了裸地、沙化裸露土地和旱地区域的沙化裸露土地面积,其中以樟树、丰城、新干面积最大,超过 5000km^2。

3.2.6　土壤含水量

土壤湿度与地表雷达后向散射系数(分贝值)之间存在着显著的线性关系。这种线性关系受到大气状况、植被季节性变化等因素的影响,会随着时间发生变化。线性混合效应模型基于土壤湿度和雷达后向散射系数之间的线性关系,假设该线性关系的斜率和截距随着时间(不同成像日期)的变化而变化,模型的具体形式如下:

$$SM_i = (\alpha + \mu_i) + (\beta + \nu_i) \times \sigma_i + \varepsilon_i \qquad 式(3-6)$$

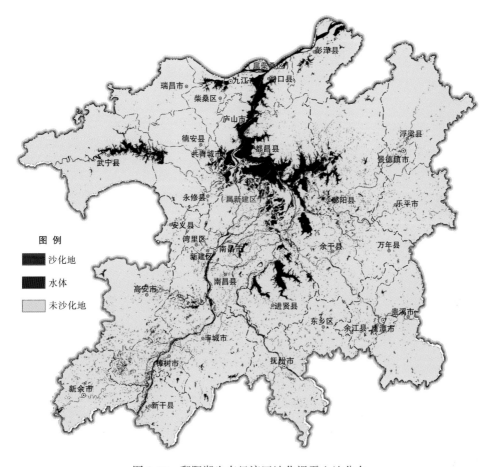

图 3-10　鄱阳湖生态经济区沙化裸露土地分布

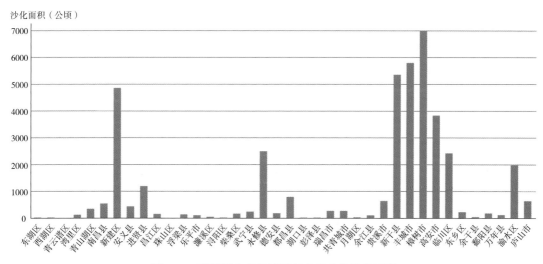

图 3-11　鄱阳湖生态经济区各市县土地沙化面积

其中，SM_i 为第 i 天的土壤湿度，σ_i 为第 i 天的后向散射系数，α 和 μ_i 分别为固定和随机的截距，β 和 ν_i 分别为固定和随机的斜率，ε_i 为第 i 天的误差项。模型中后向散射系数的固定效应表示研究时段内后向散射系数对土壤湿度的平均效应，后向散射系数的随机效应则解释了线性关系中随时间变化的部分。

采用 Sentinel-1 卫星 SAR 影像，首先对 Sentinel-1 GRD 数据进行辐射校正，将振幅值转化为后向散射系数，以保证不同时期的影像具有可比性；采用多视处理将影像重采样和空间滤波的方法，降低斑点噪声的影响；由于地形的影响或传感器的倾斜，SAR 成像存在几何畸变，地形校正即结合 DEM 数据，对几何形变进行纠正，使 SAR 影像上的几何表达尽可能真实；结合实测土壤湿度站点数据，构建土壤湿度和 Sentinel-1 后向散射系数之间的线性混合效应模型，最终反演得到整景影像的土壤湿度分布图。

利用 Sentinel-1 卫星数据，基于线性混合效应模型，获取 2015 年 4 月至 2016 年 12 月鄱阳湖土壤湿度产品。经验证，精度可达 69.4%。结果显示：鄱阳湖生态经济区土壤湿度春、冬季偏高，夏、秋季偏低。2015 年湖区土壤湿度季节性变化幅度较小，2016 年变化较为剧烈，2015 年 12 月是监测时段中湖区土壤湿度峰值区，进入 2016 年 8 月、9 月，土壤湿度急剧下降，进入低谷时期。鄱阳湖生态经济区生长季与非生长季土壤湿度对比分析显示，生长季土壤湿度较高，非生长季土壤湿度相对偏低。

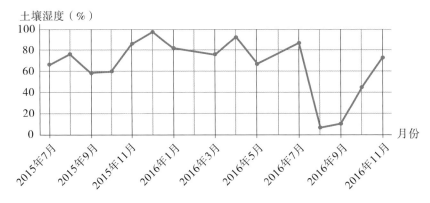

图 3-12　鄱阳湖生态经济区地面站点土壤传感器监测湿度

图 3-13 选取 4 月、7 月、9 月以及 12 月为典型月份，展示鄱阳湖生态经济区 2015 年土壤湿度空间分布，结果显示冬季土壤相对湿度最高（12 月，土壤湿度大于 90%），夏季次之，最低为秋季。

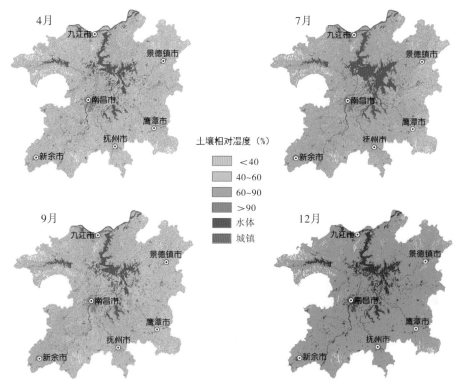

图 3-13　鄱阳湖生态经济区土壤湿度动态监测

3.3　水环境参数模型

3.3.1　水面积模型

基于辐射传输模拟的基础上，计算浮藻指数（Floating Algae Index，FAI）。FAI 对于外界气溶胶或观测角度的变化不敏感，因此，可以在 FAI 上建立空间和时间上相对一致的阈值来提取湖泊水体范围，Hu 利用 FAI 提取了太湖长时间序列的水体边界[20]，可采用类似方法，利用基于 FAI 梯度的方法提取鄱阳湖的水体范围并估算其水面积。

利用 MODIS 影像获取 FAI 的计算公式如下：

$$FAI = R_{rc, 859} - R'_{rc, 859}$$

$$R'_{rc, 859} = R_{rc, 645} + (R_{rc, 1240} - R_{rc, 645}) \times (859 - 645)/(1240 - 645)$$

式（3-7）

式中，数字表示 MODIS 的各个波段的中心波长，500m 分辨率的 1240nm 波段用锐化的方法重采样到 500m。从数学的角度而言，FAI 是用 859nm 波段发射率减去 645nm 和 1240nm 之间的基线高度。因为气溶胶反射率在 645~1240nm 随着波长的增加呈近似线性衰减趋势，基线减法可以视作一种有效的大气校正方法。因此，FAI 实际上可以近似地认为是大气校正后的 859nm 波段地表反射率，而且 Hu 也证明了在各种不同的大气和观测条件下 FAI 都比较稳定[20]。由于 FAI 信号在水体上显著小于其他地物类型，本研究采用了梯度的方法获取 FAI 阈值，然后对影像进行阈值分割提取鄱阳湖水边界线，如图 3-14 所示。为了提高运算效率，所有的数值计算都只针对鄱阳湖区域而不是整景影像。对于 FAI 影像的每个像素，其梯度（gradient）由邻近 3×3 窗口像元估算：

$$\text{gradient} = \sqrt{\frac{1}{8}\sum_{i=1}^{8}\left(\frac{\mathrm{d}y_i}{\mathrm{d}x_i}\right)^2} \qquad\qquad 式(3-8)$$

式中，$\mathrm{d}y_i$ 和 $\mathrm{d}x_i$ 代表 3×3 的窗口中当前像素相对于邻近 8 个像素 FAI 值与位置的变化。因为水体对近红外波段的强吸收，$R_{\mathrm{rc},859}$（和 FAI）在水/陆交界处会呈现明显的梯度变化，而在水陆边界线处最大的梯度值一般可以被视作边界提取阈值。然而，为了排除异常噪声的干扰，最大的梯度值一般不作为实际阈值，而其获取方法是：首先对水陆交界附近像素梯度值（注意：不是 FAI）进行直方图计算，直方图的众数则认为是水面积提取的阈值 $\text{FAI}_{\text{thresh}}$。于是，FAI 影像上大于 $\text{FAI}_{\text{thresh}}$ 的区域被划分为陆地，而小于 $\text{FAI}_{\text{thresh}}$ 的区域认为是水体。MODIS 数据都经过等距离圆柱投影，每个像素的空间分辨率是 0.00227273°，在赤道上相当于约 250m。在鄱阳湖区域内（纬度在 28~30°），每个像素覆盖的面积等于 250×250×cos（纬度）m²，而鄱阳湖的水面积划分为水体的所有像素面积之和。

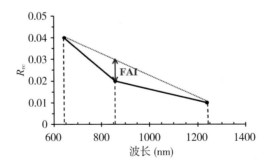

图 3-14　浮藻指数 FAI（Floating Algae Index）的原理图

1. 水面动态变化监测

原始数据为 2000—2010 年连续 11 年的 MODIS 影像数据，影像分辨率为 250m，精确提取动态湖泊水体范围。图 3-15 为 2000—2010 年连续 11 年的鄱阳湖水体面积动态变化监测反演结果。

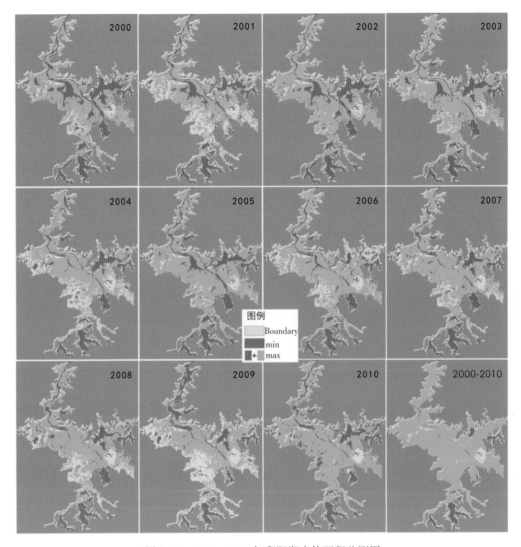

图 3-15　2000—2010 年鄱阳湖水体面积监测图

2. 湖区淹水频率

鄱阳湖水面覆盖一直处于高动态变化状态，进行水面覆盖范围提取，得到 12 个月水面覆盖范围，统计得到淹水频率图(图 3-16)。以 2014 年遥感数据为例，分析可得知鄱阳湖圩堤范围内常年淹水区域主要在土河道中心区域、东部湖区部分区域，以及与土湖区连通的子湖区域。北部及南部大湖区域全年淹水频率在 50%以上，南矶山及蚌湖区域全年淹水频率在 50%以下，南矶山湿地部分区域呈现全年淹水状态。

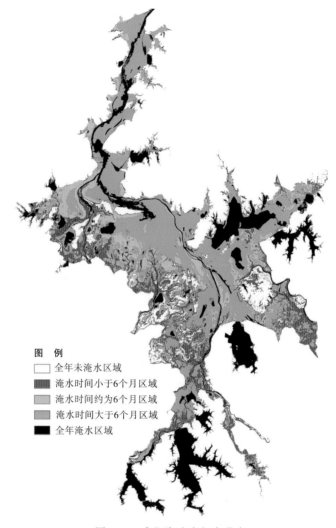

图 3-16　鄱阳湖淹水频率分布

3.3.2　水位-水量模型

鄱阳湖水面积的季节性与年际变化十分显著，多年以来，年度最大最小水面积比值都大于 2.3。利用湖泊水体范围的变化特征，结合实测水位数据，可以获取鄱阳湖的湖底地形图。因此，利用遥感获取湖底地形与实测湖泊水位数据，任意一景 MODIS 数据获取时刻，鄱阳湖的蓄水量可以通过如下公式计算：

$$\mathrm{Depth}(t, x, y) = H(t, x, y) - Z(x, y)$$
$$V = \iint \mathrm{Depth}(x, y)\mathrm{d}x\mathrm{d}y$$

式(3-9)

式中，Depth(t, x, y) 为在 t 时刻、位置为(x, y)的水深；H 为水面高程，Z 为湖底高程。将水深在整个湖泊进行积分则获取了 t 时刻鄱阳湖的蓄水量。值得注意的是，最小水体范围以内的湖底地形数据是未知的，在本章中将此刻的鄱阳湖蓄水量视作 0（而实际并非为 0）。

鄱阳湖在连续两景 MODIS 数据获取时间之间的蓄水量变化速率可以用式(3-10)估算：

$$\Delta V = \frac{(V_{t1} - V_{t2})}{(t_2 - t_1)} \qquad 式(3-10)$$

式中，V_{t1} 和 V_{t2} 为相应 t_1、t_2 时刻的蓄水量。

因此，鄱阳湖的水量收支状况可用式(3-11)估算：

$$Outflow = \Delta V + Gnet + Runoff + P \times A - ET \times A \qquad 式(3-11)$$

式中，Outflow 为鄱阳湖注入长江的出湖水量（支出）；Runoff 为流域内五河的实测总径流量（收入）；P 为湖面上的降水量（收入），可以通过 TRMM 降雨卫星数据获取；ET 为蒸发量（支出），可以利用气象参数估算得到；A 为鄱阳湖的水体范围，通过 t_1、t_2 时刻 MODIS 提取的水面积在时间上进行插值获取；而 Gnet 为地下水交换，鄱阳湖湖区的地下水径流量只占总径流量的 1.3%，因此在本章中将其忽略。

在实际计算过程中，由于在某些月份 MODIS 能获取多景无云影像，选择水面积为中值的那景代表当月的淹没状况来估算鄱阳湖的蓄水量。在式(3-11)中，右边所有项都可以通过本章或第 2 章所提到过的方法来获取。然而，蒸发和湖面降水仅相当于五河径流量的约 2%，为了便于表达，式(3-11)的最后三项(Runoff+$P\times A$-ET$\times A$)在下文中用 Inflow（入湖量）表示。

使用 MODIS 250m 分辨率遥感影像、流域范围内多个水文站点的水位数据、流域年度降水数据以及湖泊三个横断面的历史湖底地形数据。通过对遥感影像提取的水陆边界结合水位数据得到等深线，而后进行投影、插值生成湖底地形。经计算发现，年均湖底高程这 10 年均呈现出减少趋势，年均湖底高程自 2000 年到 2009 年每年以 0.023m 的速度显著增加（图 3-17）。年均库容由 2000 年的 72.7 亿立方米降低到 2009 年的 44.5 亿立方米（图 3-18）。

3.3.3　悬浮物浓度模型

基于鄱阳湖多年实测数据和地面传感网数据的支持，获取鄱阳湖悬浮泥沙浓度的实测数据值，该值域在 0~300mg/L 间。根据悬浮泥沙的光谱特性，红光和绿光波段能很好表征这个范围的泥沙浓度特征。而且波段比值能够在一定程度上消除湖中不同区域泥沙粒径和密度的影响，因此，选用红光/绿光并结合实测数据建立反演模型，模型见式(3-12)：

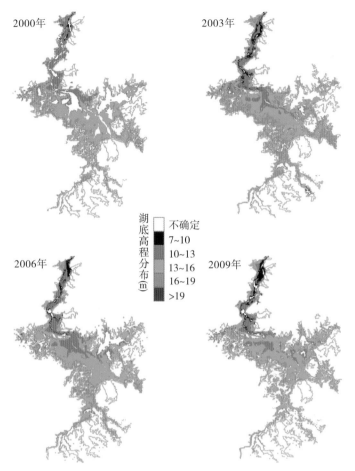

图 3-17　鄱阳湖湖区地形淤积变化监测

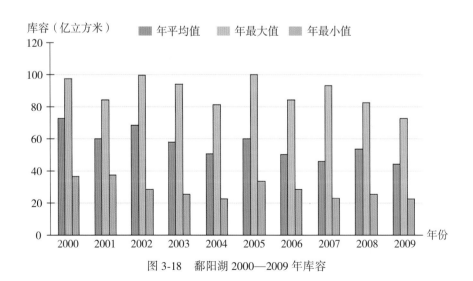

图 3-18　鄱阳湖 2000—2009 年库容

$$\begin{cases} y = 0.63e^{4.3294x} \\ x = \text{Red/Green} \end{cases}$$　　　　　　式(3-12)

式中，Red 和 Green 分别为 MODIS 红光波段与绿光波段的值。为了保持空间分辨率一致，绿光波段的数据由 500m 数据重采样至 250m。y 则是 MODIS 影像对应像元的泥沙浓度值。利用该模型进行泥沙浓度反演。将反演结果与实测值进行比较，均方根误差(RMSE)为 32.6%，平均相对误差(MRE)为 30.8%(如图 3-19 所示)。

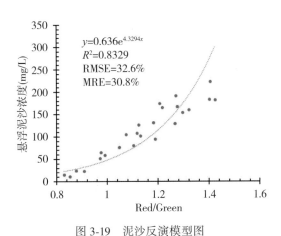

图 3-19　泥沙反演模型图

1. 年内月均悬浮泥沙浓度监测

对鄱阳湖 2011 年月均悬浮泥沙浓度进行监测。将反演结果与实测值进行比较，均方根误差(RMSE)为 32.6%，平均相对误差(MRE)为 30.8%。

月均结果表明(图 3-20~图 3-22)：鄱阳湖悬浮泥沙浓度有明显的季节性变化，2011 年丰水期各月的月均浓度值要低于枯水期各月的月均浓度值，6—7 月大部分区域泥沙浓度在 0~27mg/L，1 月和 12 月大部分区域浓度在 53mg/L 以上。

枯水期(10—12 月)平均浓度(46.23mg/L)高于丰水期(5—8 月)悬浮泥沙平均浓度(26.21mg/L)，丰水期大部分区域浓度为 0~27mg/L，极少部分区域浓度大于 80mg/L，水体较清。枯水期大部分区域浓度在 27~80mg/L，水体较为浑浊。

2. 年际悬浮泥沙时空分布变化监测

原始数据为 2000—2010 年连续 11 年的 MODIS 影像数据，影像分辨率为 250m、500m。图 3-24 为 2000—2010 年连续 11 年的鄱阳湖悬浮泥沙时空分布变化监测反演成果；图 3-25 为年度鄱阳湖船只数与悬浮泥沙浓度变化关系。

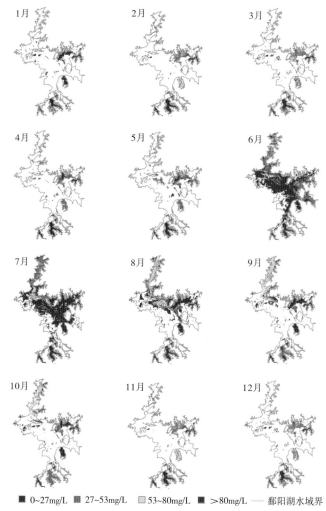

1月 2月 3月
4月 5月 6月
7月 8月 9月
10月 11月 12月

■ 0~27mg/L ■ 27~53mg/L ■ 53~80mg/L ■ >80mg/L ── 鄱阳湖水域界

图 3-20 鄱阳湖各月悬浮泥沙浓度分布

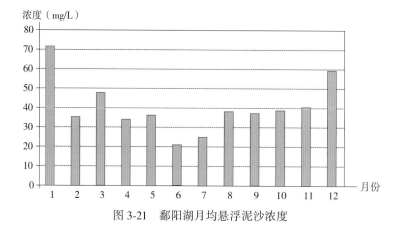

图 3-21 鄱阳湖月均悬浮泥沙浓度

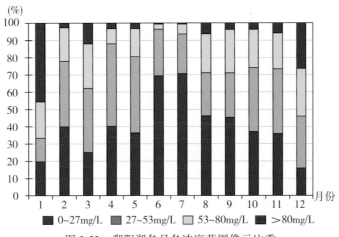

图 3-22　鄱阳湖各月各浓度范围像元比重

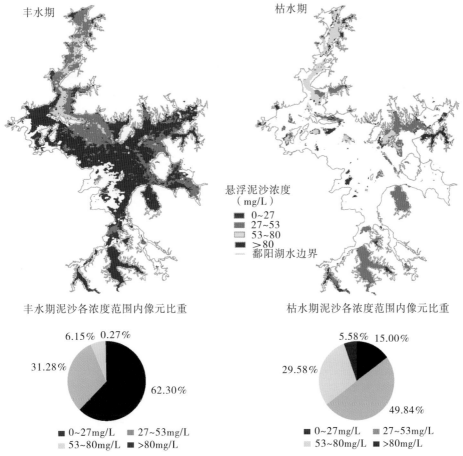

图 3-23　丰水期与枯水期悬浮泥沙浓度

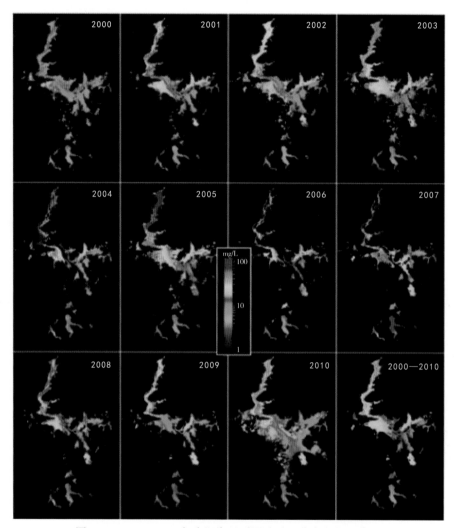

图 3-24　2000—2010 年鄱阳湖悬浮泥沙时空分布变化监测图

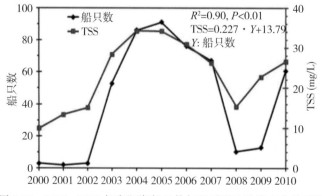

图 3-25　2000—2010 年鄱阳湖船只数与悬浮泥沙浓度变化关系图

长时间序列遥感监测分析显示，湖体悬浮泥沙浓度随着采砂船数量的增加而增加，呈正相关。其中江西省政府在 2008 年开展全面禁止非法采砂活动，当年船只数量和悬浮泥沙浓度明显减小，禁止非法采砂取得了显著的效果。

3.3.4　叶绿素浓度模型

根据不同叶绿素 a(Chl-a) 及泥沙浓度下实测光谱反射率值，当泥沙浓度小于 100mg/L 时，Chl-a 在 500~700nm 的光谱变化很明显，但当 TSS 大于 100mg/L 时，相比泥沙的信号，Chl-a 的信号基本被忽略，此时很难实现 Chl-a 浓度的估算。为了进一步获取 Chl-a 在 500~700nm 之间的光谱特性并且去掉泥沙的信号干扰，对实测光谱数据进行标准化，对于 Chl-a 浓度由 1.3mg/m³ 增加到 10.5mg/m³ 时，标准化的反射率值在 550~600nm 单调增加，而在 650~700nm 减少，这两个区间对这个范围的 Chl-a 变化会比较敏感。而且 MERIS 的波段 5(560nm)，波段 7(665nm)，波段 8(681nm) 都在这个区间，浮游植物的吸收系数在 560nm 和 675nm 分别达到最小值和最大值，正好对应 MERIS 的波段 5 和波段 7，因此构建归一化绿-红指数(NGRDI)，如下：

$$\mathrm{NGRDI} = \frac{(R_{\mathrm{rs,\,560}} - R_{\mathrm{rs,\,681}})}{(R_{\mathrm{rs,\,560}} + R_{\mathrm{rs,\,681}})} \qquad \text{式}(3\text{-}13)$$

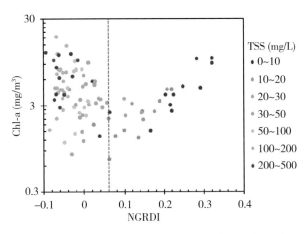

图 3-26　NGRDI 与不同泥沙浓度下叶绿素 a 浓度的关系

将这个指数与低泥沙浓度的 Chl-a 浓度建立关系，得到反演模型：

$$\mathrm{Chl\text{-}a} = 0.8724 e^{7.0508 \times \mathrm{NGRDI}} \qquad (\mathrm{NGRDI} > 0.06) \qquad \text{式}(3\text{-}14)$$

当 NGRDI<0.06 时，因为悬浮泥沙浓度高，Chl-a 浓度与 NGRDI 关系并不明显；当 NGRDI>0.06 时，Chl-a 浓度与 NGRDI 呈正相关。

表 3-2　　　　　　　　　　不同 NGRDI 阈值对应不同模型的误差值

NGRDI	Samples	Model	R^2	MRE(%)	RMSE(%)
>0.2	11	$y=0.5892e^{8.6879x}$	0.68	20.9	27.6
>0.18	12	$y=0.6309e^{8.4433x}$	0.70	19.9	26.8
>0.16	14	$y=0.4623e^{9.5981x}$	0.76	21.5	27.7
>0.14	17	$y=0.6048e^{8.5652x}$	0.79	20.3	27.6
>0.12	18	$y=0.5284e^{9.094x}$	0.81	21.5	28
>0.10	20	$y=0.756e^{7.639x}$	0.73	24.8	32.3
>0.07	23	$y=0.874e^{7.0421x}$	0.71	25.4	33.8
>0.06	25	$y=0.8724e^{7.0508x}$	0.70	28.6	37.8
>0.05	27	$y=1.076e^{6.1187x}$	0.62	32.2	43.0
>0.04	28	$y=1.1925e^{5.649x}$	0.57	34.1	45.9
>0.03	31	$y=1.3058e^{5.2318x}$	0.53	36.1	48.4
>0.02	37	$y=2.1724e^{2.8184x}$	0.20	46.0	66.9
>0	41	$y=2.4048e^{2.0381x}$	0.15	46.1	69.0

对鄱阳湖 2011 年 Chl-a 浓度进行动态监测。月均结果分析表明(图 3-27~图 3-29)2011 年鄱阳湖叶绿素 a 浓度呈现明显季节性变化，湿季比旱季浓度要高。且南部湖泊和东部小湖汊区浓度相对其他区域较高，5、6、9 月整个湖区一半以上区域叶绿素 a 浓度在3mg/m³ 以上，南部湖区在 5—7 月浓度较高，达到 4mg/m³ 以上，东部湖汊区在丰水期(5—6 月)和枯水期(10—12 月)浓度都达到 4mg/m³ 以上。

图 3-27　鄱阳湖月均叶绿素 a 浓度时空分布变化监测图

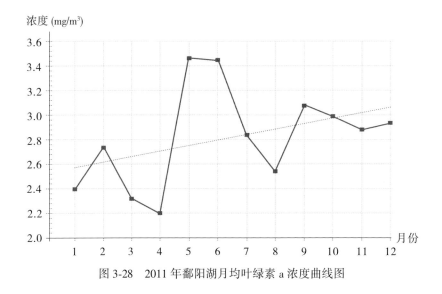

图 3-28 2011 年鄱阳湖月均叶绿素 a 浓度曲线图

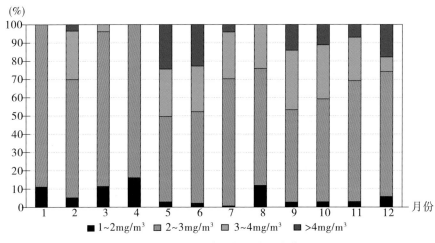

图 3-29 2011 年叶绿素 a 各月各浓度像元比重

3.3.5 浑浊度模型

不同泥沙浓度导致的水体浊度对水生植被的生长有不同的影响，对于各类水生植物（如菹草、苦草、穗花狐尾藻），浊度为 30NTU 时，基本都能保持一定的存活率，浊度大于 60NTU 时，随浊度增加，水生植物光合作用显著降低，浊度大于 90NTU 时，基本不利于生长。因此，结合 2011 年鄱阳湖泥沙浓度及实测浊度数据，建立关系如下：

$$y = 0.8842x$$

式中，x 为浊度，y 为泥沙浓度。

将 30NTU、60NTU、90NTU 代入方程，求得对应的泥沙浓度分别为27mg/L、53mg/L、80mg/L。因此根据这三个值对泥沙浓度进行分级，得到浑浊度指数：0～27mg/L：清；27～53mg/L：较清；53～80mg/L：较浑；大于 80mg/L：浑。

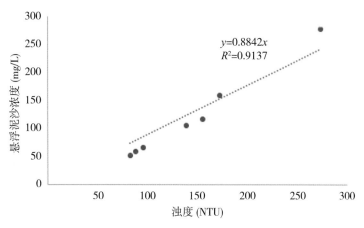

图 3-30　浑浊度与悬浮泥沙浓度的关系模型

3.3.6　富营养化模型

参考国家标准的湖泊富营养化平均方法及分级，利用叶绿素 a 浓度及总氮总磷浓度计算综合营养状态指数，公式如下：

$$\mathrm{TLI}\left(\sum\right) = \sum_{j=1}^{m} W_j \cdot \mathrm{TLI}(j) \qquad 式（3-15）$$

式中，$\langle \mathrm{TLI}(\sum) \rangle$ 表示综合营养状态指数；$\mathrm{TLI}(j)$ 代表第 j 种参数的营养状态指数，W_j 为第 j 种参数的营养状态指数的相关权重。作为基准参数，则第 j 种参数的归一化的相关权重计算公式为：

$$W_j = \frac{r_{ij}^2}{\sum_{j=1}^{m} r_{ij}^2} \qquad 式（3-16）$$

式中，r_{ij} 为第 j 种参数与基准参数 Chl-a 的相关关系；m 为评价参数的个数。我国湖泊的 Chl-a 与其他参数之间的相关关系见表 3-3。

营养状态计算公式：

$$\mathrm{TLI(Chl)} = 10 \times (2.5 + 1.086 \ln \mathrm{Chl\text{-}a}) \qquad 式（3-17）$$

$$\mathrm{TLI(TP)} = 10 \times (9.436 + 1.624 \ln \mathrm{TP}) \qquad 式（3-18）$$

$$\mathrm{TLI(TN)} = 10 \times (5.453 + 1.694 \ln \mathrm{TN}) \qquad 式（3-19）$$

表 3-3 我国湖泊部分参数与 **Chl-a** 的相关关系(r_{ij} 及 r_{ij}^2 值)

参数	Chl-a	TP	TN	SD	COD$_{Mn}$
r_{ij}	1	0.84	0.82	-0.83	0.83
r_{ij}^2	1	0.7056	0.6724	0.6889	0.6889

注：引自金相灿等著《中国湖泊环境》，表中 r_{ij} 来源于中国 26 个主要湖泊调查数据的计算结果。

为了说明湖泊富营养状态情况，用 0~100 区间连续数字对湖泊营养状态进行分级：

$$\text{TLI}\left(\sum\right) < 30 \text{ 贫营养;}$$

$$30 \leqslant \text{TLI}\left(\sum\right) \leqslant 50 \text{ 中营养;}$$

$$\text{TLI}\left(\sum\right) > 50 \text{ 富营养;}$$

$$50 < \text{TLI}\left(\sum\right) \leqslant 60 \text{ 轻度富营养;}$$

$$60 < \text{TLI}\left(\sum\right) \leqslant 70 \text{ 中度富营养;}$$

$$\text{TLI}\left(\sum\right) > 70 \text{ 重度富营养。}$$

3.4 湿地环境参数模型

3.4.1 湿地植被覆盖度

植被覆盖度主要用于描述某一区域植物垂直投影面积与该地域面积之比，一般用百分数表示。通过对植被覆盖度的研究，可以了解鄱阳湖生态经济区不同时期植被覆盖情况，为研究区域植被覆盖情况、植被丰度、区域绿化程度等指标提供基础数据，也是区域绿化及植树造林、开发利用的重要依据。

遥感监测植被覆盖度是建立在遥感提取植被指数产品的基础上的，利用欧空局 Proba-V 100m 空间分辨率 5 天合成归一化植被指数(NDVI)产品进行研究。为了防止云干扰，通过对 5 天植被指数产品进行最大值合成算法(MVC)处理，得到月度植被指数产品。基于月度 NDVI 产品生成植被覆盖度产品。

基于像元二分模型得到植被覆盖度的基本计算公式为：

$$\text{VFC} = \frac{(\text{NDVI}_{\text{veg}} - \text{NDVI}_{\text{soil}})}{(\text{NDVI}_{\text{veg}} - \text{NDVI}_{\text{soil}})} \qquad \text{式(3-20)}$$

式中，$\text{NDVI}_{\text{soil}}$ 为完全是裸土或无植被覆盖区域的 NDVI 值，NDVI_{veg} 则代表完全植被覆盖的像元 NDVI 值，即纯植被像元的 NDVI 值，两个值的计算公式为：

$$NDVI_{soil} = \frac{VFC_{max} \times NDVI_{min} - VFC_{min} \times NDVI_{max}}{VFC_{max} - VFC_{min}} \qquad 式（3-21）$$

$$NDVI_{veg} = \frac{(1 - VFC_{min}) \times NDVI_{max} - (1 - VFC_{max} \times NDVI_{min})}{VFC_{max} - VFC_{min}} \qquad 式（3-22）$$

利用这个模型计算植被覆盖度的关键是确定 $NDVI_{veg}$ 和 $NDVI_{soil}$，故可以有以下两种假设：

当区域内可近似取 $VFC_{max} = 100\%$ 和 $VFC_{min} = 0$ 时，式（3-20）可变为

$$VFC = \frac{NDVI - NDVI_{min}}{NDVI_{max} - NDVI_{min}} \qquad 式（3-23）$$

式中，$NDVI_{max}$ 和 $NDVI_{min}$ 为该区域内最大和最小的 NDVI 值。由于不可避免存在噪声，$NDVI_{max}$ 和 $NDVI_{min}$ 一般取一定置信度范围内的最大和最小值，置信度的取值主要根据图像实际情况而定。

当区域内不能近似取 $VFC_{max} = 100\%$ 和 $VFC_{min} = 0$ 时：

（1）在有实测数据的情况下，取实测数据中的植被覆盖度的最大值和最小值作为 VFC_{max} 和 VFC_{min}，这两个实测数据对应图像的 NDVI 作为 $NDVI_{max}$ 和 $NDVI_{min}$。

（2）在没有实测数据的情况下，取一定置信度范围内的 $NDVI_{max}$ 和 $NDVI_{min}$。VFC_{max} 和 VFC_{min} 根据经验估算。

由于鄱阳湖生态经济区内植被覆盖度可以满足 $VFC_{max} = 100\%$ 和 $VFC_{min} = 0$ 的假设，故取第一种算法进行。最后在具体制图中，把植被覆盖度产品分为 4 个等级，小于 40% 为水体或低植被覆盖，40% ~ 60% 为中植被覆盖，60% ~ 80% 为中高植被覆盖，大于 80% 为高植被覆盖。

3.4.2　湿地环境指数

生境质量指数及面积适宜性指数主要是对鄱阳湖湿地自然保护区生态保护情况进行评价，针对 2010 年、2015 年鄱阳湖湿地自然保护区的生境质量及面积适宜性进行计算，了解鄱阳湖自然保护区生境栖息地状态。

根据原环境保护部《生态环境状况评价技术规范》中湿地保护区生境质量指数和面积适宜性指数，对鄱阳湖两个大型国家级湿地进行评价。

其中，生境质量指数主要用来评价区域内生物栖息地质量，利用遥感监测湿地地表分类的方法，计算单位面积上不同生态系统类型在生物物种数量上的差异来进行表征。其中，根据遥感监测把湿地保护区的土地利用划分为林地、草地、水域湿地、耕地、建设用地、未利用地 6 个大类，在大类基础上，分为有林地、灌木林地、高覆盖度草洲等若干小类，分别赋予权重。具体分类与权重见表 3-4。

表 3-4　　　　　　　水域湿地生态系统类型自然保护区生境质量指数权重

	林地			草地			水域湿地				耕地		建设用地			未利用地				
权重	0.18			0.23			0.40				0.08		0.01			0.10					
结构类型	有林地	灌木林地	疏林地和其他林地	高覆盖度草地	中覆盖度草地	低覆盖度草地	河流(渠)	湖泊(渠)	滩涂湿地	永久性冰川雪地	水田	旱地	城镇建设用地	农村居民点	其他建设用地	沙地	盐碱地	裸土地	裸土石砾	其他未利用地	
分权重	0.25	0.4	0.35	0.6	0.3	0.1	0.3	0.3	0.3	0.1	0.6	0.4	0.3	0.4	0.3	0.2	0.3	0.2	0.2	0.1	

本书采用 2010 年及 2015 年欧空局 CCI 300m 全球土地利用分类产品, 鄱阳湖国家级自然保护区中拥有湖泊、滩涂湿地、高覆盖度草地、中覆盖度草地、低覆盖度草地、林地、灌木林地、农村居民点等土地利用类型。

$$生境质量指数=\frac{A_{\text{watn}}\times(0.18\times林地+0.23\times草地+0.40\times水域湿地+0.08\times耕地+0.01\times建设用地+0.10\times未利用地)}{湿地总面积}$$

式(3-24)

式中, A_{watn} 为水域湿地生态系统类型自然保护区生境质量指数的归一化系数, 参考值为 785.60。

$$面积适宜指数 = A_{\text{are}} \times (核心区面积／保护区总面积)$$　　式(3-25)

式中, A_{are} 为面积适宜指数的归一化系数, 参考值为 100。

本书采用南京环境科学院提供的鄱阳湖国家级自然保护区及南矶山湿地国家级自然保护区功能区区划数据, 按核心区、缓冲区及实验区进行区分。统一计算面积适宜性指数。

3.5　大气环境与人类活动参数模型

3.5.1　气溶胶光学厚度

基于暗像元法思想实现鄱阳湖流域气溶胶反演。利用 6S 辐射传输模型构建气溶胶光学厚度查找表。在获得查找表和图像的表观反射率数据后, 首先对查找表插值, 得到对应于蓝光波段、红光波段和近红外波段不同气溶胶光学厚度的参数; 然后计算暗像元气溶胶：根据图像上红光波段和近红外波段的表观反射率计算图像的 NDVI，设定阈值选取暗像元。在暗像元区域，将计算得到的气溶胶参数代入辐射传输方程中进行计算，得到蓝光波段和红光波段的地表反射率，再利用计算得到的地表反射率根据二者之间的线性关系进行判断，得到误差最小处对应的气溶胶光学参数，再根据这些参数到查找表中查找，得到对应的气溶胶光学厚度值。考虑到大气的影响，选取暗像元的 NDVI 阈值是在大气影响最大的情况下确定的。而实际情况中，由于大气条件很少满足极端的情况（即气溶胶光学厚度达到 2），会有部分非暗像元被误判为暗像元。因此，需要根据反演的结果进行检验，以剔除非暗像元点。首先，利用反演得到的气溶胶光学厚度值和太阳天顶角对查找表进行插值，得到红光波段和近红外波段的大气参数；然后，将大气参数和表观反射率代入辐射传输方程进行大气校正，得到地表反射率；最后，根据地表反射率计算 NDVI，将大气校正后 NDVI 小于 0.7 的暗像元点剔除。以最终获取的暗像元的气溶胶光学厚度为基础，获取整景影像的气溶胶光学厚度。

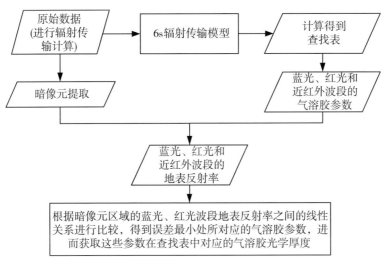

图 3-31　气溶胶光学厚度反演技术路线图

3.5.2　空气质量指数

空气质量指数 AQI、$PM_{2.5}$、PM_{10} 是评价大气环境质量的关键指标，当前这些参数的获取主要依赖于地面监测站点。为获取空气质量参数的空间分布，研究利用 MODIS 大气气溶胶光学厚度（AOD）产品，结合地面监测数据，构建线性混合模型等遥感反演模型，最终反演得到江西省 2014—2015 年 $PM_{2.5}$、PM_{10} 以及 AQI 的空间分布。具体反演流程如图 3-32 所示。

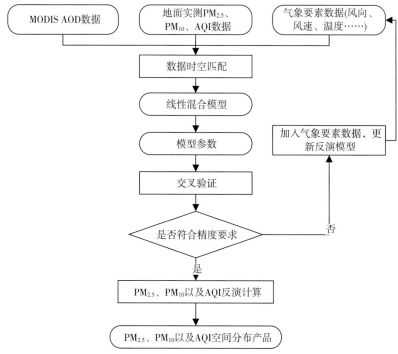

图 3-32　空气质量参数遥感反演流程图

　　线性混合模型(Linear Mixed Effects Model，LME)，是指既包括固定效应，又包括随机效应的模型。该模型要求输入参数少，反演精度高，非常适合于 $PM_{2.5}$ 等参数遥感反演。以 $PM_{2.5}$ 的反演为例，基础线性混合模型构建可以表述如下：

$$PM_{2.5_{i,j}} = \alpha_0 + \alpha_1 \times AOD_{i,j} + \beta_{1,j} + \beta_{2,j} \times AOD_{i,j} + \varepsilon_{i,j} \qquad \text{式(3-26)}$$

式中，i 为监测站点，j 为天数；α_0，α_1 为固定效应截距和斜率因子；$\beta_{1,j}$，$\beta_{2,j}$ 为随机效应截距和斜率因子(与天数相关)；$\varepsilon_{i,j}$ 为误差项。

　　反演中对该模型进行了交叉验证，统计了实测数据与模型预测结果的相关系数(R^2)、均方根误差(RMSE)和平均预测误差(MPE)。验证结果如表 3-5 所示。$PM_{2.5}$、PM_{10} 和 AQI 的交叉验证精度(相关系数 R^2)分别为 0.54，0.51 和 0.49，稍低于其模型精度，基本达到相关产品生产需求。

表 3-5　　　　　　　　　　　　　　　　　模型精度统计结果

	$PM_{2.5}$			PM_{10}			AQI		
	R^2	RMSE	MPE	R^2	RMSE	MPE	R^2	RMSE	MPE
模型精度	0.61	10.8	22.51	0.57	17.6	22.09	0.56	12.6	18.9
交叉验证精度	0.54	11.6	24.39	0.51	18.8	23.75	0.49	13.4	20.41

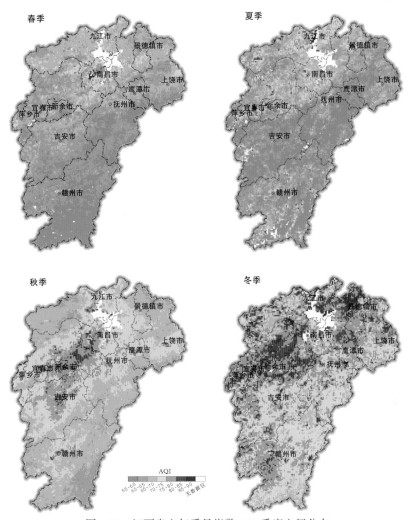

图 3-33　江西省空气质量指数 AQI 季度空间分布

3.5.3　人类活动强度指数

　　夜间灯光遥感影像具有探测城市灯光，甚至探测小规模居民地、车流等发出的低强度灯光的能力，并使之区别于黑暗的乡村背景，因此可作为人类活动强度的表征。夜光数据反映的是城市的综合信息，包括人口、交通、土地利用等信息，间接地反映了一个地区的经济发展水平。采用年平均的 DMSP-OLS 稳定夜光数据进行分析，其非辐射定标灯光亮度值为 0~63。由于分析时间跨度 1993—2013 年，夜光数据获取于不同卫星的不同传感器，在计算该指数之前，对 DMSP/OLS 数据进行相对辐射定标，最后采用相对定标后的卫星数据进行夜光强度和人类活动指数的监测计算。

人类活动指数，即复合灯光指数（Compounded Night Light Index，CNLI）或称人类活动强度指数，是指在去除噪声后，某区域内灯光斑块的平均相对灯光强度与灯光斑块面积占区域内总面积比的乘积，可以反映一个区域城市化的综合水平以及人类活动强度。

为了实现江西省人类活动强度指数的监测和各行政区划强弱的对比分析，将 DMSP/OLS 影像和江西省行政区划图进行 Albers 等面积割圆锥投影，然后根据行政区划图对投影后的夜光影像进行统计，并设定最大可能亮度即全部像元灰度为 63，以此计算复合灯光指数 CNLI，其计算公式如下：

$$CNLI = I \times S \qquad \text{式(3-27)}$$

其中，

$$I = \frac{\sum_{i=p}^{DN_M} DN_i \times n_i}{N_L \times DN_M}, \quad S = \frac{Area_N}{Area}$$

式中，p 为去除误差的阈值；N_L，$Area_N$ 分别为区域内 DN>DN>P 的像元总数和所占面积。通过复合灯光指数产品反映江西省 1993—2013 年间人类活动强度的空间变化特征。

1. 夜光强度

利用 DMSP/OL 对江西省开展夜光亮度空间变化监测。根据监测数据绘制 1993 年及 2013 年江西省夜间灯光亮度时空分布图。从灯光总量变化趋势图表上可以看出（图 3-34、图 3-35），1993—2013 年，夜间灯光亮度总量逐年持续上升，2002 年后急剧增加。时空分布特征是 1993 年主要以全省设区市城市中心地区夜间灯光出现 0~15 夜间灯光总量，仅鄱阳湖南部的南昌市城市中心地区出现 45~60 夜间灯光总量高值；2013 年出现 0~15 夜间灯光总量的地区面积扩大，且各设区市城市中心均出现 45~60 的夜间灯光总量高值。

2. 人类活动指数

基于江西省各区县复合灯光指数，监测 1993 年至 2013 年江西省各县（区、市）的城市化综合水平及人类活动变化情况。

1993 年全省各县（市、区）人类活动指数多处于 0~0.015 的较低水平，仅南昌市、九江市、景德镇市、上饶市、新余市、萍乡市、吉安市及赣州市等城市所在区域有 0.051~0.090 的人类活动强度。2013 年全省各县（市、区）人类活动指数整体上较 1993 年呈明显增长趋势，大部分县（市、区）人类活动指数在 0.016~0.050 之间，南昌市、九江市、景德镇市、上饶市、新余市、萍乡市、吉安市及赣州市等城市所在区域人类活动指数达到 0.251~0.840。

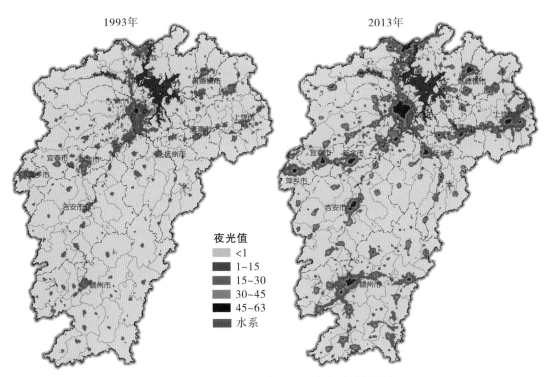

图 3-34　江西省 1993 年、2013 年灯光总量分布

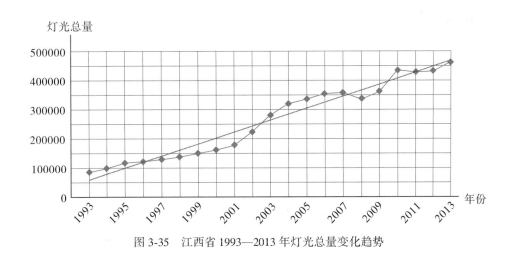

图 3-35　江西省 1993—2013 年灯光总量变化趋势

　　总体上来说，从 1993 年至 2013 年，全省城镇化综合水平得到明显提升，人类活动强度显著加强。南昌市由于是省会城市，从 1993 年至 2013 年其城镇化综合水平及人类活动强度一直居于全省首位。

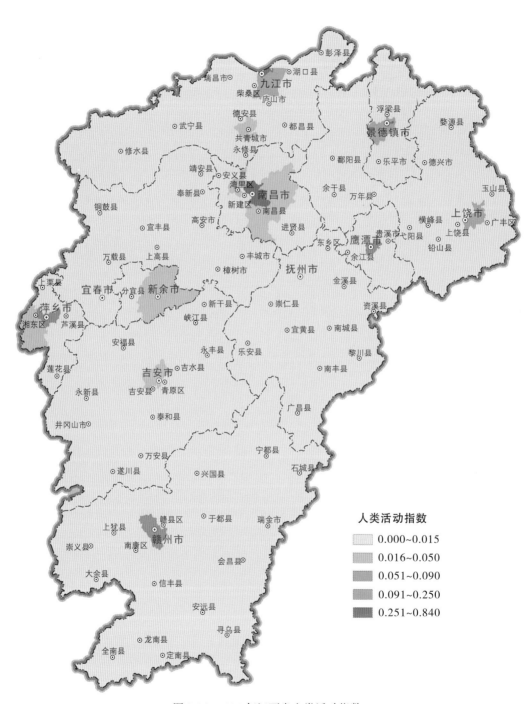

图 3-36　1993 年江西省人类活动指数

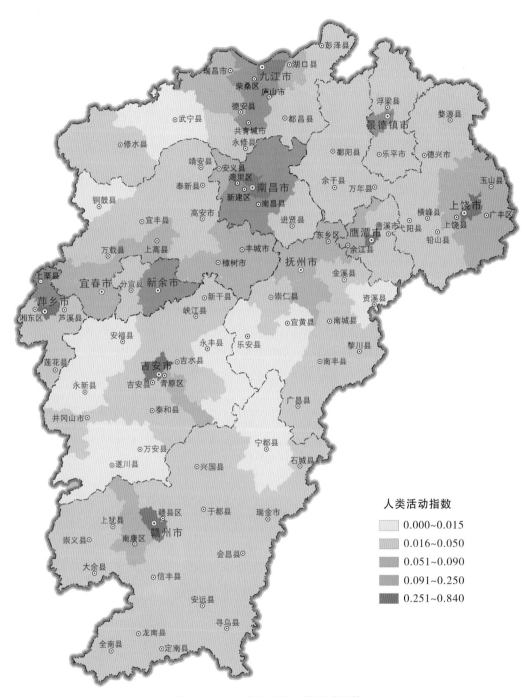

图 3-37　2013 年江西省人类活动指数

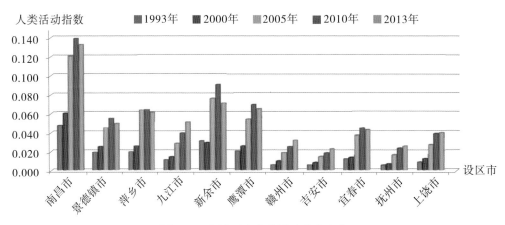

图 3-38　各设区市人类活动强度变化

3.6　本章小结

本章对 2.3 节中列举的主要遥感监测模型实现原理进行了阐述。其中陆地生态环境参数包括森林覆盖指数、植被指数、林地健康指数、叶面积指数、干旱指数、作物生长指数、土地沙化指数、土壤含水量等；水环境指数包括水面积、水位-水量、悬浮物浓度、叶绿素浓度、浑浊度、富营养化指数等；大气环境与人类活动参数包括空气质量指数、$PM_{2.5}$、PM_{10}、城市夜光强度、人类活动强度指数等；湿地环境参数包括湿地植被覆盖度、湖区湿地水淹频率、湿地环境指数等；为流域生态环境动态监测提供模型支撑。

参 考 文 献

[1] 代侦勇, 张伟, 陈晓玲, 等. 应用 HJCCD 传感器指数的鄱阳湖 TSM 浓度遥感监测[J]. 武汉大学学报(信息科学版), 2013, 38(11): 1303-1307.

[2] 黄珏, 陈晓玲, 陈莉琼, 等. 鄱阳湖高浑浊水体悬浮颗粒物粒径分布及其对遥感反演的影响[J]. 光谱学与光谱分析, 2014 (11): 3085-3089.

[3] HUANG D, WANG J, KHAYATNEZHAD M. Estimation of actual evapotranspiration using soil moisture balance and remote sensing[J]. Iranian Journal of Science and Technology, Transactions of Civil Engineering, 2021, 45: 2779-2786.

[4] 张珃, 陈晓玲, 黄珏, 等. 鄱阳湖丰、枯水期悬浮体浓度及其粒径分布特征[J]. 华中师范大学学报, 2014, 48(5).

［5］HU C, FENG L, HARDY R F, et al. Spectral and spatial requirements of remote measurements of pelagic Sargassum macroalgae［J］. Remote Sensing of Environment, 2015, 167: 229-246.

［6］张媛, 望志方, 张琍, 等. 鄱阳湖丰水期不同底质类型下氮、磷含量分析［J］. 长江流域资源与环境, 2015, 24(1): 135-142.

［7］JIANG H, CHEN X, LIU Y, et al. Estimation of leaf area index(LAI) of poyang lake basin in summer using gf-1 data［J］. Fresenius Environmental Bulletin, 2016, 25(12): 5261-5270.

［8］韩杏杏, 陈晓玲. 基于 HJ-1A/1B 卫星 TVDI 的干旱遥感监测研究——以鄱阳湖流域为例［J］. 华中师范大学学报, 2014, 48(2).

［9］蔡晓斌. 主被动遥感辅助下的鄱阳湖水位时空动态及洲滩变化研究［D］. 武汉: 武汉大学, 2010.

［10］何振芳, 郭庆春, 邓焕广, 等. 南水北调调蓄湖泊水质参数遥感反演及其影响因素［J］. 水资源保护, 2021, 37(3): 87-95, 144.

［11］张龚泉, 岳建平, 刘胜男, 等. 基于遥感影像的鄱阳湖地形提取方法［J］. 测绘通报, 2022(5): 62.

［12］WANG S, LIU C, TAN Y, et al. Remote sensing inversion characteristic and driving factor analysis of wetland evapotranspiration in the Sanmenxia Reservoir area, China［J］. Journal of Water and Climate Change, 2022, 13(3): 1599-1611.

［13］刘宇, 朱丹瑶. 基于 Landsat 8 OLI 数据的镜泊湖水体叶绿素 a 浓度反演［J］. 湖北农业科学, 2021, 60(23): 157.

［14］许昕, 张艳军, 董文逊, 等. 基于遥感反演初始条件的香溪河水质模拟研究［J］. 中国农村水利水电, 2022(6): 46-53.

［15］XIA Y, FANG C, LIN H, et al. Spatiotemporal evolution of wetland eco-hydrological connectivity in the Poyang Lake area based on long time-series remote sensing images［J］. Remote Sensing, 2021, 13(23): 4812.

［16］陈点点, 陈芸芝, 冯险峰, 等. 基于超参数优化 CatBoost 算法的河流悬浮物浓度遥感反演［J］. 地球信息科学学报, 2022, 24(4): 780-791.

［17］HUANG D, WANG J, KHAYATNEZHAD M. Estimation of actual evapotranspiration using soil moisture balance and remote sensing［J］. Iranian Journal of Science Technology, Transactions of Civil Engineering, 2021, 45: 2779-2786.

［18］LE M S, LIOU Y A. Spatio-temporal assessment of surface moisture and evapotranspiration variability using remote sensing techniques［J］. Remote Sensing, 2021, 13(9): 1667.

[19]WANG L, LIU Z, GUO J, et al. Estimate canopy transpiration in larch plantations via the interactions among reference evapotranspiration, leaf area index, and soil moisture [J]. Forest Ecology and Management, 2021, 481(1).

[20]Hu C. A novel ocean color index to detect floating algae in the global oceans[J]. Remote Sensing of Environment, 2009, 113(10): 2118-2129.

第 4 章

鄱阳湖流域降雨径流模拟

4.1 引 言

鄱阳湖是一个大尺度湖泊，它的入湖边界条件复杂，地面监测站点缺乏，湖泊变化同时受上游流域来水和长江水位过程双重影响，单一的模型难以对湖泊水情、流场、污染物迁移等过程进行模拟研究，需要在流域降水、径流和湖泊水体之间建立联合模型来进行模拟，才能够较好地在日尺度上研究湖泊水动力水环境的变化。这就涉及上游流域水文模拟、环湖无水文测站区入湖径流模拟和湖泊水动力模拟方面的问题[1]。

湖泊流域降雨汇水是从降雨到达地面、水流汇集、经流域集水区出口进入下游湖泊的过程。上游流域径流是下游湖泊水环境变化(水动力、物质输移等)的重要驱动因子。由于流域地形地貌与土壤性状一般相对稳定，植被覆盖在短期内也不会发生太明显的变化，因此降雨是决定流域汇水径流最重要的气象驱动因素[5]。黄钰翰等在赣江流域分别采用地面雨量站观测数据和 TRMM 数据(3B42RT. V6、3B42RT. V7、3B42. V6、3B42. V7)驱动 VIC 水文模型，评估 TRMM 数据在水文模拟中的应用能力[9]。结果表明：在赣江流域，3B42. V7 卫星降水与实测降水的对比结果最好，3B42RT. V6 的估算精度最低；3B42. V6 和 3B42. V7 在日尺度上对径流洪峰的模拟存在较大偏差，但模拟结果仍能反映径流变化特征，在月尺度上模拟结果精度较高，纳希效率系数均在 0.9 以上。3B42RT. V7 对径流的模拟结果相比 3B42RT. V6 有明显改善，基本满足实时水文预报的需求。费明哲等分析 TRMM 各版本在鄱阳湖流域内的降水精度，采用新安江模型和 VIC(Variable Infiltration Capacity)模型检验 TRMM 在该流域水文模拟中的精度[10]。结果发现：与 3B42. V6 和 3B42RT. V6 相比，3B42. V7 和 3B42RT. V7 在不同的时间尺度和空间尺度上精度都有全面的提升。新安江模型和 VIC 模型在赣江流域模拟效果整体纳希效率系数都保持在 0.8 以上；VIC 模型在信江由于受到流域面积、水库等因素影响，纳希效率系数只有 0.6 左右。

TRMM 降水资料 VIC 模拟在降水量较大、人为活动明显的夏季模拟效果较差。TRMM V7 版本降水产品在鄱阳湖流域适用性较高。唐国强等在赣江流域定量评估两种 TRMM 3B42.V7 和 3B42RT.V7 的精度，并通过分布式水文模型 CREST 对日径流进行了模拟[11]。结果显示：3B42.V7 和 3B42RT.V7 与地面观测站雨量数据月尺度偏差在 5% 以内，相关系数达 0.9 以上，而在日尺度上偏差变大，相关性变小。同时 CREST 水文模拟结果表明：在使用卫星降水率定模型的条件下，TRMM 在赣江流域具有替代地面站观测数据的潜力。刘硕在赣江流域将 TRMM 数据与地面雨量站数据融合后，采用 CREST 模型对日径流进行模拟[12]，结果显示：在赣江流域出口处外洲站，使用 3B42.V7 数据的纳希效率系数、相关性系数和偏差分别为 0.67、0.84、−10.34，融合地面雨量站数据的模拟结果分别为 0.79、0.89、−3.27。

在上游流域，卫星降水数据在水文模拟领域显示出了应用潜力，具有空间覆盖全面、分布均匀的特点，目前研究显示对降雨汇水径流的模拟效果在月尺度上较好，但在日尺度上的模拟精度待提高。其中，有模型数据的原因，卫星降水数据日尺度精度不高；也有模拟机制的原因，采用的水文模型多为静态数据驱动的机理模型，没有很好地利用径流动态观测的反馈信息；也有模型结构的原因，模型没有充分利用卫星降雨历史数据所蕴含的规律信息。有必要建立一种精度更高、运算效率更快的水文模型来对流域降雨汇水径流进行模拟。地面监测雨量站虽然精度较高，但是空间分布密度相对稀疏。同时，鉴于传感网动态观测能力快速发展，人们逐渐能够及时地获取径流变化的观测数据。可考虑将三者结合，并采取动态数据驱动应用模式[13]，帮助揭示径流变化的非平稳性，改善模拟预测的精度。

4.2 基于深度循环神经网络的时序预测模型

湖泊流域汇水径流过程的模拟预测，可以认为是一种复杂系统中的时间序列分析预测问题。由于降水汇入等因素的动态变化，径流时间序列呈现非平稳特征，具有高度非线性的行为特征[14]，在进行径流预测的过程中，模型算法需要具有较强的实时跟踪能力，以适应径流运动变化过程的要求。近年来，随着深度学习方法的快速发展，其中深度循环神经网络(Deep Recurrent Neural Network，DRNN)是一种更适用于时间序列分析的神经网络结构，并在语音识别、机器翻译以及时序分析等方面实现了突破[15]。因此，径流模拟作为一种时间序列分析问题，也可利用这种新的辨识模型方法。

4.2.1 深度循环神经网络

循环神经网络(Recurrent Neural Network，RNN)是受人脑中神经细胞连接成环路启发，通过设计重复使用迭代函数来存储信息的一类神经网络结构。RNN 与人工神经网络（ANN）的不同之处在于，在网络结构上隐层中的神经元自身和两两之间均有连接，见图 4-1。这种结构的作用体现在神经元循环连接导致不同时刻网络之间存在连接，从而使得网络允许之前的所有输入以"记忆"的形式存在它的内部状态中，影响网络的当前输出。即 RNN 理论上可以将当前输入和之前所有的历史输入映射到当前输出，而 ANN 的输出只依靠当前的输入[16]。所以 RNN 的特有结构导致它更适于序列学习。本节研究的降雨汇水径流模拟预测目标是利用日降水量预测模拟流域日径流量，输入和输出都是典型的时间序列数据，适合采用 RNN 作为网络架构[17]。

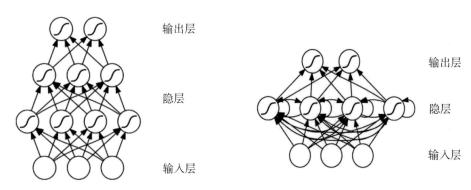

图 4-1　ANN 与 RNN 网络结构示意图

对于 RNN 来说，每层的基本功能用来对数据进行记忆，而不是分层次处理。通过每次迭代，新的信息被添加到每一层中，RNN 可以通过多个时序次数的网络更新将信息传递下去，使得 RNN 可以获得记忆深度。

标准的 RNN 传播过程为，给定 n 维输入序列 x_1，x_2，$\cdots$，x_n，m 维网络的隐层状态序列 h_1，h_2，$\cdots$，h_m，k 维输出序列 y_1，y_2，$\cdots$，y_k，迭代公式如下[19]：

$$t_i = \boldsymbol{W}_{hx}x_i + \boldsymbol{W}_{hh}h_{i-1} + b_h$$
$$h_i = e(t_i)$$
$$s_i = \boldsymbol{W}_{yh}h_i + b_y \qquad \text{式}(4\text{-}1)$$
$$y_i = g(s_i)$$

其中，$\boldsymbol{W}_{hx}$、$\boldsymbol{W}_{hh}$、$\boldsymbol{W}_{yh}$ 为权值矩阵；b_h、b_y 为基底；t_i 为隐层输入；s_i 为输出单元输入，同为 k 维变量；e、g 为预定义的非线性向量值函数。代价函数可以是欧氏距离，也可以是交叉熵距离。

深度循环神经网络 DRNN 本质上是一种多层感知机[20]，其特点是每层都有时间反馈循环，并且层之间叠加构成。每次神经网络的更新，新信息通过层次传递，每层神经网络也获得了时间性上下文信息。当按照时间折叠，它可以被视为一个有无限多层的深度神经网络[21]。

DRNN 中第一隐层的 RNN 公式如下：

$$h^{(1)}(x_t) = \sigma(W^{(1)}x_t + b^{(1)} + Uh^{(1)}(x_{t-1})) \qquad 式(4\text{-}2)$$

式中使用当前时刻的输入数据 x_t 和前一时刻 x_{t-1} 的对应值 $h^{(1)}(x_{t-1})$ 计算隐层 $h^{(1)}(x_t)$ 激活值，$W^{(1)}$ 和 U 为连接权值，$b^{(1)}$ 是当前层的基底，σ 代表 sigmoid 激活式。

DRNN 内含多层 RNN，使得模型更加非线性化，可以承载更多的参数，见图 4-2。

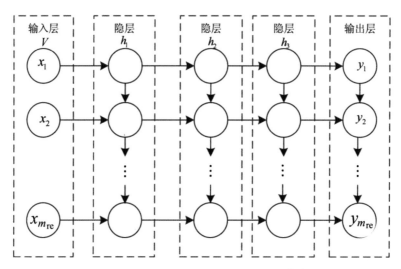

图 4-2 深层循环神经网络结构示意图[22]

表达式如下：

$$h^{(i)}(x_t) = \sigma(W^{(i)}h^{(i-1)}(x_t) + b^{(i)}) \qquad 式(4\text{-}3)$$

式中，$h^{(i)}(x_t)$ 表示第 i 层的激活值，且 i 大于 1，对于每个隐层都有一个对应的权值 $W^{(i)}$ 和基底 $b^{(i)}$，模型在 t 方向迭代。

标准 RNN 在序列学习应用时的一个问题是很难使它存储很长时间段的"记忆"，这限制了可以处理的序列长度[31-32]。LSTM(长短期记忆网络)是在标准 RNN 结构上重新设计的一种特殊的"记忆细胞"单元，通过加入门限操作，使得 LSTM 有能力存储很长时间前的"记忆"[23]，结构如图 4-3 所示。因其处理时序数据的优势，LSTM 已经在多个领域被广泛采用，比如机器翻译、图像描述、语音识别等。

一个 LSTM 单元有存储记忆(信息)的结构，该结构在 t 时刻有状态 C_t。还有控制信息流通过记忆结构的三个门限：输入门、更新门和输出门。输入门控制输入信息进入记忆结构；更新门控制记忆结构状态的取舍；输出门控制从记忆结构中选择将输出的信息。

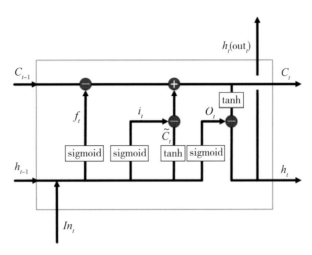

图 4-3 LSTM 结构示意图

LSTM 单元在 t 时刻输入的数据来源有三部分：截至 $t-1$ 时刻的记忆结构状态 C_{t-1}、$t-1$ 时刻的隐藏输出状态 h_{t-1} 和 t 时刻的数据输入 In_t。首先计算 t 时刻由输入信息提取的特征：$\widetilde{C}_t$。

$$\widetilde{C}_t = \tanh(W_c \cdot [h_{t-1},\ \mathrm{In}_t] + b_c) \qquad 式(4\text{-}4)$$

式中，W_c 和 b_c 是需要训练得到的参数。

通过上述三个由 sigmoid 函数构成的门限单元分别得到 C_{t-1} 的忘记参数 f_t，$\widetilde{C}_t$ 的更新参数 i_t 以及 t 时刻记忆结构状态 C_t 的输出参数 o_t，其值都在 0~1 之间：

$$f_t = \mathrm{sigmoid}(W_f \cdot [h_{t-1},\ \mathrm{In}_t] + b_f)$$
$$i_t = \mathrm{sigmoid}(W_i \cdot [h_{t-1},\ \mathrm{In}_t] + b_i) \qquad 式(4\text{-}5)$$
$$o_t = \mathrm{sigmoid}(W_o \cdot [h_{t-1},\ \mathrm{In}_t] + b_o)$$

式中，W_f，W_i，W_o，b_f，b_i，b_o 是通过训练得到最优值的参数。这三个门限操作控制信息流通过，当值为 0 时，信息完全被截断；当值为 1 时，信息没有任何亏损。

利用经过取舍的记忆结构信息和部分输入信息特征更新记忆结构的状态，计算得到 C_t：

$$C_t = f_t \cdot C_{t-1} + i_t \cdot \widetilde{C}_t \qquad 式(4\text{-}6)$$

最后由 o_t 和 C_t 得到当前时刻隐藏输出状态 h_t，其计算公式为：

$$h_t = o_t \cdot \tanh(C_t) \qquad 式(4\text{-}7)$$

因此 t 时刻输出的状态是之前若干输入数据的函数，可以直接输出也可以用于产生 $t+$

1 时刻的输入。

4.2.2 动态数据驱动时序模型设计

1. 模型架构

降雨是决定径流最重要的气象驱动因素。一定时期内，在流域地形和地表覆盖下垫面变化不大的情况下，可不考虑影响径流的其他过程参数，直接建立降雨与径流的输入输出关系。反映降雨的观测数据包含遥感数据和地面雨量站数据。卫星降水产品能以连续网格信息的形式实现空间全覆盖，具有反映降水空间分布的独特优势，但其本质为间接观测；地面雨量站可提供精确的点降水信息，但其空间估计能力不足，有的地区雨量站网分布稀疏；两者可以联合作为输入驱动数据。水文测站的历史径流观测数据可作为动态反馈数据。

利用深度循环神经网络，设计一个能融合多源数据，并支持动态数据驱动反馈的时序模拟模型(Dynamic Data-Driven Time Series Model)，模型架构如图 4-4 所示。

其中利用 DRNN 的多层非线性表达来提高降雨到径流过程模拟的时序特性建模能力；同时，将降雨数据与历史径流数据进行融合建模，一方面，使得模型不断地利用观测到的历史径流数据自动调整模拟轨迹，来减小模拟系统的误差；另一方面，通过降雨数据过程模型为历史径流数据加入随机性、非线性表达。

DTSM 的驱动数据从来源分主要有卫星遥感数据和地面站点传感网数据，均为时间序列观测数据。从模拟的过程分，有作为输入的驱动数据、作为输出的模拟数据以及作为反馈检校的传感网观测数据。其中，驱动输入序列为 X，模拟输出序列为 S，反馈序列为 O。DTSM 中的循环网络主要由多个 LSTM 层组成的 RNN 循环体和全连接层构成。因为 DRNN 的时序特性，构建特征向量时需要统一时间尺度(可以是月尺度、日尺度等)，模拟输出数据与驱动输入数据的时间尺度一致，反馈数据也与驱动输入数据的时间尺度一致。

由于不同来源的监测数据、模拟输出数据纲量的差异，其值域可能存在数量级的差距(例如在流域水文场景中降水数据值域一般为 [0, 400]，单位 mm，日径流量值域 [1, 14000]，单位 m^3)，为便于 DRNN 求解时误差能快速收敛获得最优解，对特征向量进行归一化是必要的，通常有 Min-Max 规范化和 Z-score 规范化两种方法。考虑到径流模型的目的是进行具体数值预测，而非分类、聚类，且原始数据的分布并非近似高斯分布，适宜采用 Min-Max 规范化方法对降水量数据和径流量做处理。设 x 和 x' 分别表示归一化前后变量的取值，公式为：

$$x' = x'_{min} + \frac{x - x_{min}}{x_{max} - x_{min}} \times (x'_{max} - x'_{min}) \qquad 式(4-8)$$

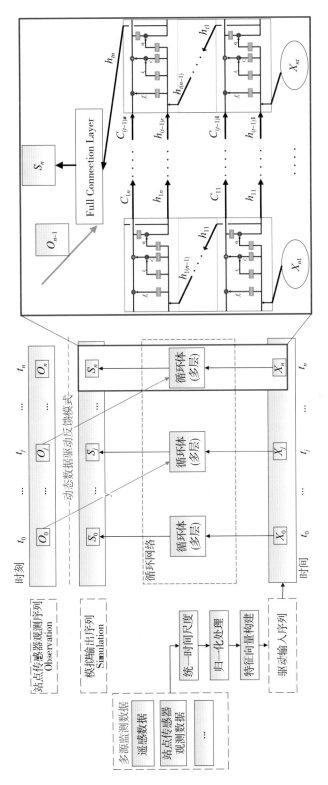

图4-4　DTSM模型架构

通过时间尺度统一和归一化处理后构建特征向量，作为循环网络的驱动输入。对于流域水文模拟场景，驱动输入数据 X 可以由流域卫星降水数据(TRMM)、地面气象雨量站数据等构成；模拟输出数据 Y 可以是流域下游水文站位置径流量模拟数据；动态观测反馈数据 O 可以是河道该处水文站监测的径流数据。降雨观测数据的特征向量可通过一维向量来表示，输入循环体结构中，动态模式下的径流量历史观测数据和循环体输出合并一起输入全连接层中。设每个时刻输入向量的长度为 L_1，循环体的输出特征数据长度是 L_2，动态驱动模式下输入历史观测数据的长度为 L_3，则全连接层的输入神经元个数是 L_2+L_3，输出模拟结果的长度为 1。循环体中每一层的 LSTM 在不同时刻参数是一致的，但不同层的 LSTM 中的参数是不同的。与循环体中每一层 LSTM 类似，全连接层的参数在不同时刻也是一致的。该模型的损失函数由全连接层得到的预测值与真值进行计算，采用均方误差(MSE)评价。由于 LSTM 在处理长序列数据时，存在参数优化过程出现梯度爆炸或消散的问题，在实际使用时需要给定一个最大时序截断长度[25]。如图 4-5 所示，给定的截断长度为 t，则 n 时序的输入特征向量构建为 X_n。

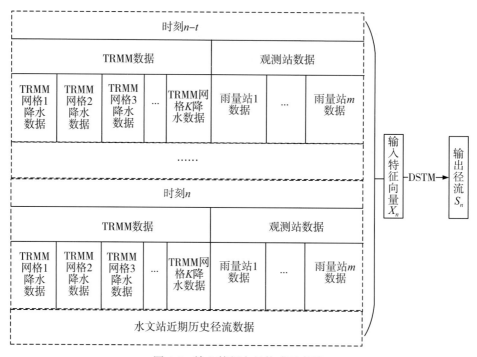

图 4-5　输入特征向量构成示意图

根据是否加入实时反馈数据，模型可分为动态数据驱动模式和静态数据驱动模式。根据输入序列与输出序列的时序关系，模型可分为模拟模式和预测模式。模拟模式中(如图

4-6 所示），输出序列同步于输入序列；预测模式中（如图 4-7 所示），输出序列滞后于输入序列，用于预测 t_n ~ t_j 时刻的状态。

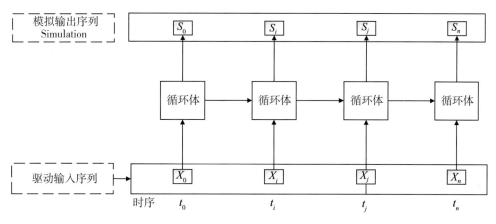

图 4-6　DTSM 模拟模式

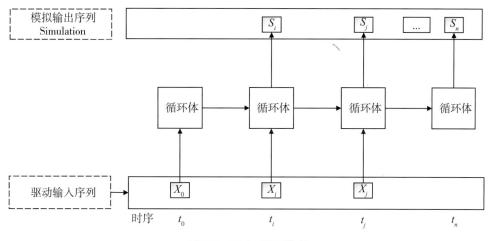

图 4-7　DTSM 预测模式

2. 模型参数

模型使用历史数据集对循环网络的参数进行训练和率定。模型参数设置分为两类：第一类为超参数，参数设置通过与模拟所针对的实际领域问题进行经验调参；其中一部分为全局超参数，另一部分为训练时超参数，主要用于训练时能够快速合理地求解普通参数。第二类为普通参数，包括循环体内隐藏层参数、输出全连接层参数等，普通参数通过训练数据自动率定，见表 4-1。

表 4-1 模型主要参数

参数类型		参数名称	说明(推荐值)	调参
超参数	全局超参数	hidden_size	单层循环体中隐藏层的个数(30)	经验调参
		num_layers	多层循环体的层数(4)	
		time_steps	最大时序截断长度	
	训练时超参数	batch_size	损失计算时训练数据包大小(32)	
		optimizer	梯度下降方式(adam)	
		learning_rate	学习率(0.001)	
普通参数		W_{rnn},B_{rnn}	循环体隐藏层参数	自动调参
		W_{output},B_{output}	输出全连接层参数	

其中 time_steps 参数代表模型利用历史信息的能力,在其他超参数不变的情况下进行手动调参的结果显示,对于不同子流域 time_steps 参数最优值不同,在赣江、抚河、信江、饶河、修水子流域较优的推荐值分别为 40、12、12、7、7,该值与子流域面积呈现正相关趋势。这也反过来说明子流域越大,受汇水过程影响的时间越长。

4.3 基于 DTSM 的 TRMM 降水流域径流模拟实验

4.3.1 TRMM 降水数据处理与精度评估

由于 TRMM 降水数据的可用性随降水区域而变[26],因此这里利用地面雨量站长时间序列降水观测资料,评估同时段 TRMM 卫星降水产品在鄱阳湖各子流域的估测精度,揭示其在日、月等不同时间尺度上的误差规律及时序变化特征,分析 TRMM 卫星降水产品的数据不确定性及其在鄱阳湖流域水文模拟中的应用潜力。

1. TRMM 数据处理

TRMM 3B42.V7 产品可以从网站(https://mirador.gsfc.nasa.gov)免费下载 netCDF(network Common Data Form)格式的格点数据集。由于研究区域采用的地面雨量站日观测降水时间基准为北京时间(UTC+8h)。而 TRMM 3B42.V7 数据记录时刻为 UTC(Coordinated Universal Time,协调世界时),时间分辨率为 3h,需要将 TRMM 3B42.V7 逐 3h 降水产品转换为北京时,进而累加得到 TRMM 3B42.V7 日降水数据集。需要注意的是,TRMM 3B42.V7 逐 3h 降水产品记录的是降水率(mm/h),因此计算逐日降水量时每个格点值须乘以 3 之后再进行累加。日降水数据进一步累加即可得到 TRMM 3B42.V7 月尺度降水序列。合成后的 2000—2005 年逐日降水数据文件共 2192 个。

2. 可用性评估指标

采用 2000—2005 年地面观测降水作为基准数据，对 TRMM 3B42.V7 的可用性进行评估，评估在不同时间尺度（日、月）上进行，并按子流域进行统计。通过参考相关研究[27][10][12]，确定采用表 4-2 中的指标来进行评估。

表 4-2　　　　　　　　　　　　　**TRMM 卫星降水可用性评估指标**

统计指标	单位	公式	最优值
相关系数 （CC）	NA	$$CC = \dfrac{\sum\limits_{i=1}^{N}(T_i - \overline{T})(G_i - \overline{G})}{\sqrt{\sum\limits_{i=1}^{N}(T_i - \overline{T})^2 \sum\limits_{i=1}^{N}(G_i - \overline{G})^2}}$$	1
均方根误差 （RMSE）	mm	$$RMSE = \sqrt{\dfrac{\sum\limits_{i=1}^{N}(T_i - \overline{G}_i)^2}{N}}$$	0
偏差 （BIAS）	%	$$BIAS = \dfrac{\sum\limits_{i=1}^{N}(T_i - G_i)}{\sum\limits_{i=1}^{N}G_i} \times 100\%$$	0
平均误差 （ME）	mm	$$ME = \dfrac{1}{N}\sum\limits_{i=1}^{N}(T_i - G_i)$$	0
探测率 （POD）	NA	$$POD = \dfrac{H}{H + M}$$	1
空报率 （FAR）	NA	$$FAR = \dfrac{F}{H + F}$$	0
临界成功指数 （CSI）	NA	$$CSI = \dfrac{H}{H + M + F}$$	1

表中，N 表示样本数；T_i 表示卫星降水；G_i 表示地面雨量站观测降水；H 表示雨量站网降水被卫星探测到的网格点数；M 表示雨量站网降水未被卫星探测到的网格点数；F 表示地面雨量站网无降水但卫星探测有降水的网格点数。

采用相关系数（Correlation Coefficient，CC）、平均误差（Mean Error，ME）、偏差

(Relative Bias，Bias)，以及均方根误差(Root Mean Squared Error，RMSE)4项指标来定量评估卫星降水与地面雨量观测降水的一致性。其中CC表示两者的线性相关度，取值范围为[0，1]，越接近1表明两者相关度越高；Bias反映了两者在数值上的系统偏差，越接近于0表示卫星降水越精确，RMSE表征了卫星降水与地面观测降水的平均误差幅度。

采用探测率(Probability of Detection，POD)、空报率(False Alarm Ratio，FAR)以及临界成功指数(Critical Success Index，CSI)3项分类指标来反映卫星降水产品对日降水时间的探测能力。POD表示卫星降水对日降水事件是否发生的探测命中率，值越大说明卫星降水反映日降水事件的能力越强；FAR越小表明卫星降水的空报、误报程度越小；CSI综合反映卫星降水对降水事件是否发生的估计能力。其中，判断某日有无降水的标准是，设定一个降水阈值(一般取值为0.1mm/d)，若日降水量超过该值，则判定为有雨，否则判定为无雨。

3. 评估结果与特征分析

给出2000—2005年鄱阳湖5个子流域及卫星降水在日尺度、月尺度上与地面雨量站网降水的散点图(见图4-8~图4-13)，并计算出各项评估指标数值(见表4-3)。

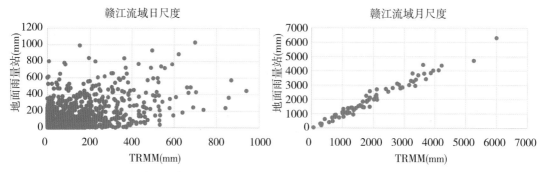

图4-8　赣江流域2000—2005年3B42.V7降水与雨量站网降水散点图

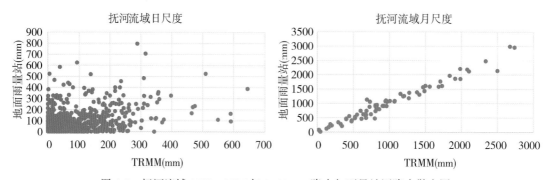

图4-9　抚河流域2000—2005年3B42.V7降水与雨量站网降水散点图

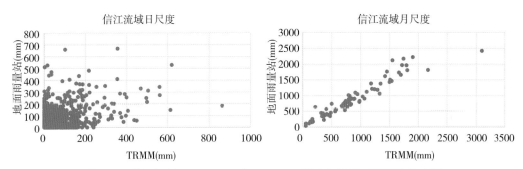

图 4-10　信江流域 2000—2005 年 3B42.V7 降水与雨量站网降水散点图

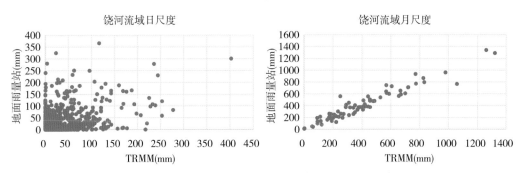

图 4-11　饶河流域 2000—2005 年 3B42.V7 降水与雨量站网降水散点图

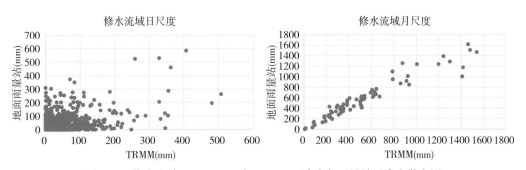

图 4-12　修水流域 2000—2005 年 3B42.V7 降水与雨量站网降水散点图

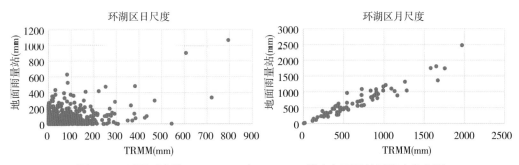

图 4-13　环湖区流域 2000—2005 年 3B42.V7 降水与雨量站网降水散点图

表 4-3   **鄱阳湖流域 TRMM 3B42. V7 卫星降水日、月尺度评估结果**

子流域	时间尺度	CC	RMSE(mm)	ME(mm)	Bias(%)
赣江	日尺度	0.57	114.79	1.09	1.63
	月尺度	0.98	242.98	-34.76	-1.71
抚河	日尺度	0.53	69.75	-0.68	-2.03
	月尺度	0.98	129.56	-21.04	-2.12
信江	日尺度	0.51	67.51	-0.91	-2.98
	月尺度	0.95	174.79	-27.18	-3.02
饶河	日尺度	0.50	30.76	-5.30	-38.3
	月尺度	0.96	191.30	-157.07	-38.4
修水	日尺度	0.52	44.64	-1.56	-8.16
	月尺度	0.96	115.28	-45.29	-8.02
环湖区	日尺度	0.52	0.79	58.42	-3.61
	月尺度	0.95	-23.36	138.09	3.60

    3B42. V7 卫星降水产品与地面雨量站网降水的一致性分析结果显示：在日尺度上，3B42. V7 的 CC 值为 0.50~0.57，说明 3B42. V7 卫星降水与地面基准降水量具有一定的相关性；Bias 在赣、抚、信子流域，为-3.02%~1.63%，说明卫星降水 3B42. V7 的系统偏差较低；日尺度 ME 值为-5.3~1.09，均较小，表明卫星降水 3B42. V7 与地面雨量站网降水在平均意义上误差较小。在月尺度上，CC 值为 0.95~0.98，Bias 值在赣、抚、信子流域，为-3.02%~-1.71%。在修水子流域，Bias 日、月尺度值分别为-8.02、-8.16，均较大。在饶河子流域，Bias 日、月尺度值分别为-38.3%、-38.4%，均很大。

    对 TRMM 日降水事件探测能力分析显示(见图 4-14)：POD 值为 0.84~0.91，表明 3B42. V7 卫星降水成功探测到了大部分降水时间，且命中程度较高；FAR 值为 0.14~0.25，说明卫星降水在探测日降水事件是否发生方面还存在着一定程度上的空报误报，CSI 值为 0.66~0.72，说明 3B42. V7 卫星降水对降水事件是否发生的估计能力一般。

    有文献指出[12]：鄱阳湖流域 3B42. V7 卫星降水产品在微量降水区间(1<P<5，mm/d)上存在一定程度的低估。在近乎无雨(P<1，mm/d)和强降水事件(P>30，mm/d)发生频率上则存在着一定程度的高估，在其他不同量级降水事件的发生频率与地面观测降水数据

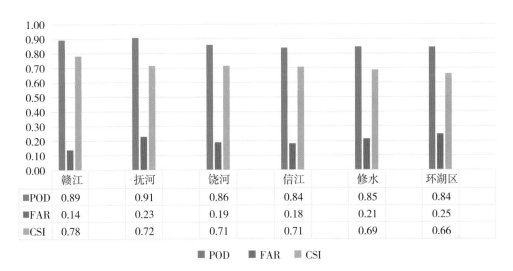

	赣江	抚河	饶河	信江	修水	环湖区
■POD	0.89	0.91	0.86	0.84	0.85	0.84
■FAR	0.14	0.23	0.19	0.18	0.21	0.25
■CSI	0.78	0.72	0.71	0.71	0.69	0.66

■ POD　　■ FAR　　■ CSI

图 4-14　探测率、空报率、临界成功指数指标统计

吻合较好。探测率 POD 呈现出明显的"先升后降"的变化趋势，4—8 月 POD 保持在较高水平，其他月份 POD 则偏低，1 月最低；CSI 变化趋势与 POD 基本一致。

综合以上几个方面的评估，得到以下结论：

（1）TRMM 数据月尺度精度较高，日尺度精度偏低；

（2）对低强度降水探测及估计能力存在不足，对中高强度降水估计能力较好；

（3）大部分日降水事件发生能被探测到，对降水事件有较好的动态跟踪能力。

以上结论有如下指导意义：

（1）3B42.V7 卫星降水在日尺度上的相关性一般，且在某些流域偏差较大，在模拟模型中有必要引入地面监测站点数据来减少数据的不确定性；

（2）3B42.V7 卫星降水与地面观测降水的相关性随时间尺度变大而进一步增强，因此模拟模型如果具备记忆历史能力，能利用更长时间尺度的信息，则有可能在模拟过程中减少了卫星降水数据的不确定性带来的不利影响。

4.3.2　径流模拟实验设计

鄱阳湖流域水文模型适用于除环湖区以外的子流域。考虑到与已有研究成果的可对比性，以及子流域的代表性，选择了分别代表赣江、抚河、信江、修水、饶河子流域的外洲、李家渡、梅港、万家埠、石镇街水文站进行模拟实验。

五个水文测站观测到的 2000—2005 年日均径流量数据，用于率定与验证模拟结果，如图 4-15 所示。各子流域日径流量年内随季节变化显著，且径流总量与流域面积密切相关。

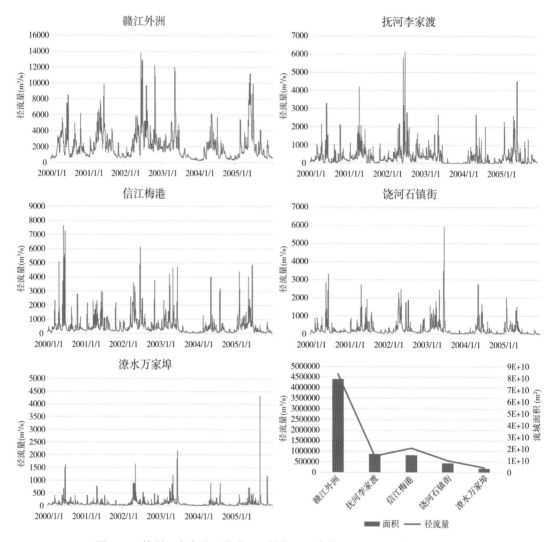

图 4-15　外洲、李家渡、梅港、石镇街、万家埠 2000—2005 年逐日径流

各水文站上游子流域 2000—2005 年 TRMM 降水日均分布情况见图 4-16。

1. 实验方案

实验方案划分为三个层次进行对比试验，详见表 4-4。

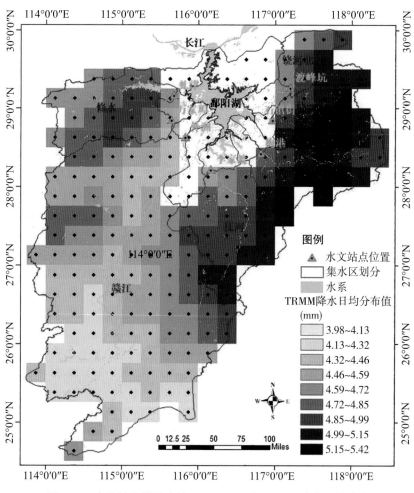

图 4-16　水文站上游子流域 2000—2005 年 TRMM 降水日均分布

表 4-4　　　　　　　　　　　　　　　　实验方案列表

方案名	模拟机制	输入驱动数据	模拟输出数据	试验目的
方案一	静态数据驱动	子流域 TRMM 日降雨	流域入湖日径流量	TRMM 对流域径流模拟的预测能力
方案二	静态数据驱动	子流域 TRMM 日降雨，少量地面站点日降雨	流域入湖日径流量	地面站点融合对流域径流模拟的提升能力
方案三	动态数据驱动在模拟过程中加入反馈的近期历史径流量数据	子流域 TRMM 日降雨，少量地面站点日降雨，近期历史径流量反馈(1 天前)	流域入湖日径流量(预测 2 天后)	动态数据驱动模式对径流模拟的提升能力

其中，方案一：仅采用TRMM数据进行模型训练和预测；方案二：融合少量地面站点数据进行模型训练和预测；方案三：动态加入近期径流监测反馈数据进行模型训练和预测。

2. 数据训练集与测试集划分

通常可通过实验测试来对深度学习模型的泛化误差进行评估，以测试集上的测试误差作为泛化误差的近似；分割训练集与测试集的做法有留出法、交叉验证法、自助法等[15]。考虑到降雨径流量在年内变化规律是具有相似性的，这里选择采用留出法，将数据集 D 划分为2个互斥的数据集（ $D = S \cup T$， $S \cap T = \varnothing$ ），其中 S 为训练集， T 为测试集。留出法一般性原则为：训练集与测试集的划分要尽可能保持数据分布的一致性；将2/3~4/5的样本用于训练，剩余样本用于测试。因此，这里将2000—2005年的数据集做如下划分：2000年1月—2004年12月逐日数据作为训练集 S 来率定模型内部参数；2005年1月—12月逐日数据作为测试集 T 来验证模型精度。

3. 模拟精度评价指标设定

采用纳希效率系数 E_{ns} 、确定性系数 R^2 和相对误差 R_e 来评价模拟精度。公式如下：

$$E_{ns} = 1 - \frac{\sum\limits_{i=1}^{n} (Q_{obsi} - Q_{simi})^2}{\sum\limits_{i=1}^{n} (Q_{obsi} - \overline{Q}_{obs})^2}$$

$$R^2 = \frac{\left[\sum\limits_{i=1}^{n} (Q_{obsi} - \overline{Q}_{obs})(Q_{simi} - \overline{Q}_{sim}) \right]^2}{\left[\sum\limits_{i=1}^{n} (Q_{obsi} - \overline{Q}_{obs})^2 \sum\limits_{i=1}^{n} (Q_{simi} - \overline{Q}_{sim})^2 \right]} \qquad 式(4\text{-}9)$$

$$R_e = \frac{\sum\limits_{i=1}^{n} (Q_{simi} - Q_{obsi})}{\sum\limits_{i=1}^{n} Q_{obsi}} \times 100\%$$

式中， Q_{obsi} 为观测序列； Q_{simi} 为模拟序列； $\overline{Q}_{obs}$ 为观测序列平均值； $\overline{Q}_{sim}$ 为模拟序列平均值； i 代表数据序列； n 为时长数。

考虑到有的现有文献中使用相关系数这一指标，以下为相关系数 CC 和确定性系数 R^2 之间的换算公式：

$$CC = \sqrt{R^2} \qquad\qquad 式(4-10)$$

4.3.3　实验结果与分析

验证期模拟结果汇总见表 4-5。这里以赣江外洲站、抚河李家渡站为例给出日径流三种方案的模拟结果，如图 4-17、图 4-18 所示。

表 4-5　　　　　　　　　　　　　　模拟结果汇总表

数据		径流站	验证期				
			MSE	E_{ns}	R^2	R_e	CC
一	3B42 V7	外洲 (赣江)	0.058212	0.88	0.88	0.30	0.94
二	融合站点（18 个）		0.049782	0.91	0.92	0.71	0.96
三	动态驱动		0.038978	0.95	0.95	0.28	0.97
一	3B42 V7	李家渡 (抚河)	0.038904	0.85	0.85	5.46	0.92
二	融合站点（6 个）		0.027668	0.92	0.93	1.32	0.96
三	动态驱动		0.026095	0.94	0.94	-1.40	0.97
一	3B42 V7	梅港 (信江)	0.051132	0.65	0.67	0.07	0.82
二	融合站点（6 个）		0.032860	0.87	0.87	-1.63	0.93
三	动态驱动		0.023325	0.94	0.94	-0.27	0.97
一	3B42 V7	万家埠 (修水)	0.040890	0.60	0.62	0.06	0.79
二	融合站点（1 个）		0.030988	0.77	0.81	1.22	0.90
三	动态驱动		0.012422	0.85	0.86	-0.95	0.93
一	3B42 V7	石镇街 (饶河)	0.033168	0.47	0.67	8.65	0.82
二	融合站点（1 个）		0.022699	0.75	0.75	2.18	0.87
三	动态驱动		0.013711	0.91	0.91	1.76	0.95

五个子流域的实验结果显示：方案一仅通过 TRMM 降雨数据驱动模拟，在不同流域的精度差别较大，原因可能是 TRMM 3B42.V7 与地面雨量站数据的日尺度上的相关系数仅为不到 0.6，尤其是在饶河 TRMM 3B42.V7 的 Bias 达到了 -38%（详见表 4-5），说明 TRMM 在日尺度上对于实际降雨量的表征能力对径流模拟精度有一定影响；另外，赣江、抚河、信江、修水、饶河径流模拟的相关系数值分别为 0.94、0.92、0.82、0.79、0.82，而对应流域 3B42.V7 的相关系数值分别为 0.57、0.53、0.51、0.50、0.52，反映 DTSM 模型充分

利用了历史数据的信息，有效地降低了输入数据不确定性的影响。方案二通过少量地面雨量数据融合后，精度有较大的提高，这一结果也从侧面印证了前述3B42. V7 本身不确定性带来的影响，通过融合地面雨量站数据，不确定性得到显著减少。方案三采用动态数据驱动模式，相比静态数据驱动模式模拟精度有了进一步提高，尤其是对于静态模式模拟精度较低的流域，提高效果更为明显。

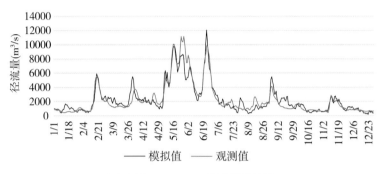

（a）方案一：TRMM 径流模拟结果

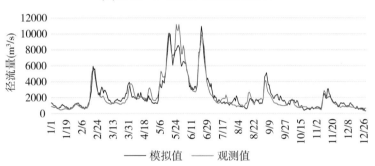

（b）方案二：TRMM 融合地面站点径流模拟结果

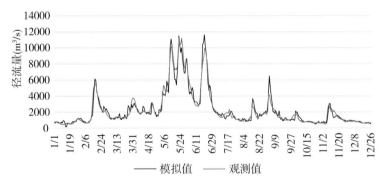

（c）方案三：结合近期历史径流数据预测近期径流结果

图 4-17　赣江子流域(外洲)模拟结果

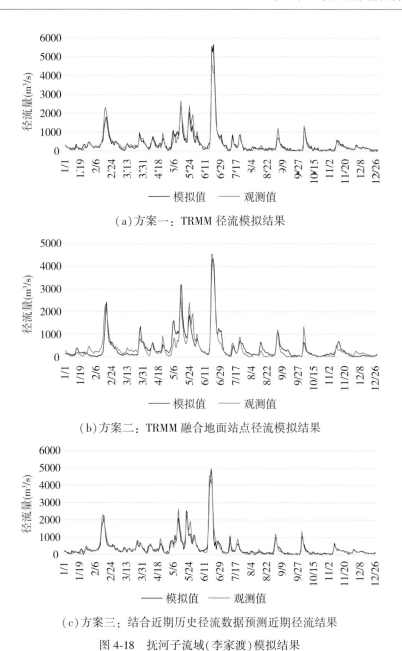

(a)方案一：TRMM 径流模拟结果

(b)方案二：TRMM 融合地面站点径流模拟结果

(c)方案三：结合近期历史径流数据预测近期径流结果

图 4-18　抚河子流域(李家渡)模拟结果

4.3.4　与现有研究成果对比

鄱阳湖流域日径流模拟目前以分布式水文模型为主，代表性模型有 WATLAC、CREST、VIC、新安江模型等。表 4-6 汇总列出了近几年研究中各种模型在鄱阳湖子流域的径流模拟精度。其中，文献[9-12]中验证期精度指标使用的是相关系数 CC，这里统一换

算成确定性系数 R^2，表中小数点位数与参考文献原文中的保持一致。

表 4-6 　　　　　　　　　　鄱阳湖子流域日尺度径流模拟精度

模型简称	降水数据集	模拟流域（站点）	验证期精度		
			E_{ns}	R^2	R_e
WATLAC 文献[29]	地面站点	饶河（石镇街）	0.70	0.70	2.72
		修水（万家埠）	0.72	0.73	13.1
		赣江（外洲）	0.90	0.90	0.76
		信江（梅港）	0.76	0.83	−14.0
		抚河（李家渡）	0.62	0.82	14.7
CREST 文献[12]	3B42 V7	赣江（外洲）	0.67	0.71	−10.34
	融合降水		0.79	0.79	−3.27
CREST 文献[11]	地面站点	赣江（外洲）	0.74	0.79	9.23
	3B42 V7		0.70	0.74	8.67
GR4J 文献[26]	融合降水	赣江（外洲）	—	0.90	−2.4
VIC 文献[9]	地面站点	赣江（外洲）	0.855	0.867	−4.75
	3B42 V7		0.780	0.781	−1.700
新安江模型文献[10]	3B42 V7	赣江（外洲）	0.838	0.848	−0.08
VIC 文献[10]	3B42 V7	赣江（外洲）	0.803	0.839	−0.146
		信江（梅港）	0.572	0.584	−0.147

下面分别从 TRMM 3B42 V7 降水模拟（表 4-7）、融合降水模拟（表 4-8）、最佳模拟精度（表 4-9~表 4-13）来进行各类模型与本节 DTSM 模型的比对分析。

表 4-7 　　　　　　　　　　TRMM 3B42. V7 降水模拟精度比对

模型简称	模拟流域（站点）	E_{ns}	R^2	R_e
CREST	赣江（外洲）	0.67	0.71	−10.34
VIC	赣江（外洲）	0.780	0.781	−1.700
新安江模型	赣江（外洲）	0.838	0.848	−0.08
本节 DTSM 模型	赣江（外洲）	0.88	0.88	0.30

表 4-8　　　　　　　　　　　融合降水模拟精度比对

模型简称	模拟流域 (站点)	E_{ns}	R^2	R_e
CREST	赣江 (外洲)	0.79	0.79	−3.27
GR4J	赣江 (外洲)	—	0.90	−2.4
本节 DTSM 模型	赣江 (外洲)	0.91	0.92	0.71

表 4-9　　　　　　　　　赣江流域模型各自最佳模拟精度比对

模型简称		模拟流域 (站点)	E_{ns}	R^2	R_e
WATLAC		赣江 (外洲)	0.90	0.90	0.76
CREST		赣江 (外洲)	0.79	0.79	−3.27
GR4J		赣江 (外洲)	—	0.90	−2.4
VIC		赣江 (外洲)	0.855	0.867	−4.75
新安江模型		赣江 (外洲)	0.838	0.848	−0.08
DTSM 模型	静态驱动模式	赣江 (外洲)	0.91	0.92	0.71
	动态驱动模式	赣江 (外洲)	0.95	0.95	0.28

表 4-10　　　　　　　　信江流域模型各自最佳模拟精度比对

模型简称		模拟流域 (站点)	E_{ns}	R^2	R_e
WATLAC		信江 (梅港)	0.76	0.83	−14.0
VIC		信江 (梅港)	0.572	0.584	−0.147
DTSM 模型	静态驱动模式	信江 (梅港)	0.87	0.87	−1.63
	动态驱动模式	信江 (梅港)	0.94	0.94	−0.27

表 4-11　　　　　　　　抚河流域模型各自最佳模拟精度比对

模型简称		模拟流域 (站点)	E_{ns}	R^2	R_e
WATLAC		抚河 (李家渡)	0.62	0.82	14.7
DTSM 模型	静态驱动模式	抚河 (李家渡)	0.92	0.93	1.32
	动态驱动模式	抚河 (李家渡)	0.94	0.94	−1.40

表 4-12 修水流域万家埠模型各自最佳模拟精度比对

模型简称		模拟流域(站点)	E_{ns}	R^2	R_e
WATLAC		修水(万家埠)	0.72	0.73	13.1
DTSM 模型	静态驱动模式	修水(万家埠)	0.77	0.81	1.22
	动态驱动模式	修水(万家埠)	0.85	0.86	-0.95

表 4-13 饶河流域石镇街模型各自最佳模拟精度比对

模型简称		模拟流域(站点)	E_{ns}	R^2	R_e
WATLAC		饶河(石镇街)	0.70	0.70	2.72
DTSM 模型	静态驱动模式	饶河(石镇街)	0.75	0.75	2.18
	动态驱动模式	饶河(石镇街)	0.91	0.91	1.76

比对结果显示:

(1)静态数据驱动模式下,仅用 TRMM 3B42.V7 降水作为输入模拟赣江流域汇水径流时,相对于已有的 CREST、VIC 和新安江模型中的最高精度,本节 DTSM 模型的纳希效率系数 E_{ns} 精度和确定性系数 R^2 精度提高 0.04、相对误差 R_e 精度绝对值略降低 0.22%。

(2)静态数据驱动模式下,在使用 TRMM 3B42 V7 降水和地面站点融合作为输入模拟赣江流域汇水径流时,相对于 GR4J、CREST 模型中的最高精度,本节 DTSM 模型的纳希效率系数 E_{ns}、确定性系数 R^2、相对误差 R_e 均为最好,其中 E_{ns} 精度提高 0.12,R^2 精度提高 0.02~0.11,R_e 精度绝对值提高 1.4%。

(3)不论输入数据情况如何,比较各类模型的最高精度。在赣江流域,本节 DTSM 模型的纳希效率系数 E_{ns} 提高 0.05~0.15、确定性系数 R^2 精度提高 0.05~0.16,相对误差 R_e 精度仅略降低 0.14%。在信江流域,E_{ns} 精度提高 0.18,R^2 精度提高 0.11,R_e 精度仅略降低 0.13%。在抚河流域,E_{ns} 精度提高 0.31,R^2 精度提高 0.12,R_e 精度提高 11%。在修水流域,E_{ns} 精度提高 0.13,R^2 精度提高 0.21,R_e 精度绝对值提高 12.15%。在饶河流域,E_{ns} 精度提高 0.21,R^2 精度提高 0.21,R_e 精度绝对值提高 1.04%。

总体来看,本节 DTSM 模型在鄱阳湖流域对径流的模拟精度要优于现有的 WATLAC、CREST、VIC、GR4J、新安江模型,且对多个子流域都有较好的模拟效果,证明该模型具备有效性和普适性。

4.4　本章小结

本章引入深度循环神经网络方法，提出了一种支持动态数据驱动模拟的时序模拟预测模型 DTSM。基于该模型对鄱阳湖各子流域日尺度降雨汇水径流进行了模拟实验，实验中对 TRMM 卫星降水与地面站点数据融合方案进行了模拟，验证了 DTSM 模型通过融合遥感与地面观测多源数据来提高模拟精度的有效性；实验中加入径流监测反馈数据的方案，验证了 DTSM 模型动态数据驱动模式对提高模拟精度的有效性。在赣、抚、信、饶、修五河子流域下游水文测站数据检验结果显示，纳希效率系数分别达到 0.95、0.94、0.94、0.91 和 0.85，确定性系数分别达 0.95、0.94、0.94、0.91、0.86，相对误差分别达 0.28%、-1.40%、-0.27%、1.76%、-0.95%；与现有 WATLAC、CREST、VIC、新安江模型的研究结果比较，其纳希效率系数分别提高 0.05、0.18、0.31、0.13、0.21，确定性系数分别提高 0.05、0.11、0.12、0.13、0.21，本章 DTSM 模型表现出更高的模拟精度。

参 考 文 献

[1]黎扬兵，张洪波，任冲锋，等．基于 TRMM 降尺度数据的渭河流域干旱时空演变特征与重心迁移规律研究[J]．华北水利水电大学学报(自然科学版)，2023，44(3)：14-24.

[2]邓鹏，徐进超，王欢．基于 CMIP6 的气候变化对鄱阳湖流域径流影响研究[J/OL]．水利水运工程学报：1-11[2023-08-07]．http://kns.cnki.net/kcms/detail/32.1613.TV.20230227.1226.002.html.

[3]TIAN B, GAO P, MU X, et al. Water area variation and river-lake interactions in the Poyang Lake from 1977—2021[J]. Rcmote Sensing, 2023, 15(3)：600.

[4]LEI X, GAO L, WEI J, et al. Contributions of climate change and human activities to runoff variations in the Poyang Lake Basin of China[J]. Physics and Chemistry of the Earth, Parts A/B/C, 2021, 123：103019.

[5]刘佳凯，张振明，鄢郭馨，等．潮白河流域径流对降雨的多尺度响应[J]．中国水土保持科学，2016，14(4)：50-59.

[6]赵泽宇，秦福莹，那音太，等．基于 GWR 模型降尺度模拟蒙古高原地区 TRMM 降水数据[J]．中国农业气象，2023，44(3)：182-192.

[7] 黎扬兵, 张洪波, 杨天增, 等. 基于 MGWR 的渭河流域 TRMM 降水产品空间降尺度分析[J]. 农业工程学报, 2022, 38(23): 141-151.

[8] 李炎坤, 高黎明, 张乐乐, 等. 青海湖流域及周边区域 TRMM 3B43 降水数据降尺度方法对比分析[J]. Arid Zone Research/Ganhanqu Yanjiu, 2022, 39(6).

[9] 黄钰瀚, 张增信, 费明哲, 等. TRMM 3B42 卫星降水数据在赣江流域径流模拟中的应用[J]. 长江流域资源与环境, 2016, 25(10): 1618-1625.

[10] 费明哲, 张增信, 原立峰, 等. TRMM 降水产品在鄱阳湖流域的精度评价[J]. 长江流域资源与环境, 2015, 24(8): 1322-1330.

[11] 唐国强, 李哲, 薛显武, 等. 赣江流域 TRMM 遥感降水对地面站点观测的可替代性[J]. 水科学进展, 2015, 26(3): 340-346.

[12] 刘硕. TRMM 卫星与地面雨量站网的降水数据融合及其水文模拟应用[D]. 武汉: 武汉大学, 2017. https://kns.cnki.net/KCMS/detail/detail.aspx?dbname=CMFD201801&filename=1017195579.nh.

[13] DAREMA F. DDDAS. A key driver for large-scale-big-data and large-scale-big-computing [J]. Procedia Computer Science, 2015, 51: 2463.

[14] 叶磊. 流域水文分析与水文预报方法研究[D]. 武汉: 华中科技大学, 2016.

[15] 周宇航, 周志华. 代价敏感大间隔分布学习机[J]. 计算机研究与发展, 2016, 53(9): 1964-1970.

[16] HAMMER C L, SMALL G W, COMBS R J, et al. Artificial neural networks for the automated detection of trichloroethylene by passive Fourier transform infrared spectrometry [J]. Analytical chemistry, 2000, 72(7): 1680-1689.

[17] MAO G, WANG M, LIU J, et al. Comprehensive comparison of artificial neural networks and long short-term memory networks for rainfall-runoff simulation [J]. Physics and Chemistry of the Earth, Parts A/B/C, 2021, 123: 103026.

[18] TABAS S S, SAMADI S. Variational Bayesian dropout with a Gaussian prior for recurrent neural networks application in rainfall-runoff modeling[J]. Environmental Research Letters, 2022, 17(6): 065012.

[19] PASCANU R, GULCEHRE C, CHO K, et al. How to construct deep recurrent neural networks[J]. arXiv preprint arXiv: 1312.6026, 2013.

[20] GRAVES A, MOHAMED A, HINTON G. Speech recognition with deep recurrent neural networks[C]. IEEE, 2013: 6645-6649.

[21] HERMANS M, SCHRAUWEN B. Training and analysing deep recurrent neural networks [J]. Advances in neural information processing systems, 2013, 26.

[22] 杨祎玥, 伏潜, 万定生. 基于深度循环神经网络的时间序列预测模型[J]. 计算机技术与发展, 2017, 27(3): 35-38.

[23] GERS F A, SCHRAUDOLPH N N, SCHMIDHUBER J. Learning precise timing with LSTM recurrent networks[J]. Journal of machine learning research, 2002, 3(Aug): 115-143.

[24] GRAVES A, FERNaNDEZ S, SCHMIDHUBER J. Bidirectional LSTM networks for improved phoneme classification and recognition[C]. Berlin, Heidelberg: Springer Berlin Heidelberg, 2005: 799-804.

[25] PASCANU R, MIKOLOV T, BENGIO Y. On the difficulty of training recurrent neural networks[C]. Pmlr, 2013: 1310-1318.

[26] 胡庆芳, 杨大文, 王银堂, 等. 赣江流域 TRMM 降水数据的误差特征与成因[J]. 水科学进展, 2013, 24(6): 794-800.

[27] YONG B, REN L L, HONG Y, et al. Hydrologic evaluation of Multisatellite Precipitation Analysis standard precipitation products in basins beyond its inclined latitude band: A case study in Laohahe basin, China[J]. Water Resources Research, 2010, 46(7).

[28] 李娜. 多元定量估测降水和基于雷达的临近预报降水的水文气象评估: 赣江流域[D]. 中国气象科学研究院[2023-08-07]. DOI: CNKI: CDMD: 2.1016.121525.

[29] 张小琳, 李云良, 于革, 等. 鄱阳湖流域过去 1000a 径流模拟以及对气候变化响应研究[J]. 湖泊科学, 2016, 28(4): 887-898.

第 5 章

鄱阳湖水动力模拟

5.1 引　言

　　无水文测站区通常地形较为平坦且水网密布纵横交错，使得观测和评估该区域的径流量变得困难。无水文测站区的径流模拟是 PUB(Prediction in Ungauged Basins，无水文测站区模拟预测)研究计划的一个关注方向[1]。在 PUB 研究计划中，数据获取技术[3]、实验研究[4]、先进模式和策略[5]，以及新的水文理论[6]被用于对无水文测站区进行水文预测。无水文测站区的径流预测方法包括简单水量平衡方程(simple water balance equations)和水文参数转换[7]。

　　基于简单水量平衡方程的方法，没有过多参数检校。Feng 把径流量定义为降雨量和蒸发量的差值[8]。Rientjes 通过测量湖泊水位和上游有水文测站区域的入流量，基于湖泊水量平衡进行径流模拟。一些研究使用局部参数方法模拟无水文测站区的径流，通过有水文资料区来确定无水文测站区的产流量[9]，这个方法不适合对无水文测站区域进行精确时间尺度检校参数。Wale 等针对水文模型参数和流域特征之间的关系构建区域模型，将有水文测站区域的水文参数转换为无水文测站区域的参数[10]，但是研究中较少验证无水文测站区径流。Ma 等基于湖泊年度的入流和出流水量平衡开展验证，时间分辨率较低[12]。Dessie 采用降雨径流模型和径流系数模拟无水文测站区径流量，并不直接验证无水文测站区的径流量模拟结果，而是基于湖泊水量平衡来分析无水文测站区的影响[7]，但是用于间接评估的水量平衡并没有精确地刻画水量的时序变化。

　　在鄱阳湖环湖无水文测站区的研究中，Huang 研发了针对环湖区平坦区域的径流通量模型[11]，模拟结果通过比较湖口的观测径流量来验证，将环湖无水文测站区模拟径流量和上游有水文资料区径流量按年度求和，时间尺度过于粗糙，且湖泊的调蓄能力影响未被考虑。Guo 使用 VIC 模型和 MISO 模型模拟了环湖无水文测站区日径流量[13]，在两个模型的模拟结果和估算结果之间进行了比较验证，但是估算结果是通过时滞方程（Time Lag Equation）导出，它不能替代观测的两个原因是：①时滞方程是湖泊的一种简单的流体动力学模型，它不是十分精确；②在方程中，湖口径流量被年尺度修正系数进行了修正，这不适合在日尺度上模拟。Zhang 等提出了耦合水文和水动力模型对一种无水文测站区径流进行验证的方法[14]，但对于无测站区下游分支径流量比例分配的问题并没有给出计算依据。

鄱阳湖环湖区是一个典型的无水文测站区，其面积约占整个流域的12%，忽略环湖区的径流贡献将会对水动力模拟带来较大的不确定性影响。而该区域地势平缓，水网发育密集交错，缺乏水文测站难以直接获取径流观测值。目前较少有研究提出解决方法来获取各分支径流量并计算入湖口径流量，进而建立顾及环湖无水文测站区贡献的湖泊水动力模型。而鄱阳湖与流域和长江之间存在密切的联系，三者之间的水量交换决定了湖泊季节性高度动态的水情变化特征。上游流域汇水径流可以作为下游湖泊模拟的上边界条件。上一章基于 DTSM 建立的流域汇水模型，适用于有水文测站以上子流域。从水文测站延伸到湖泊水体之间，还存在较为广阔的环湖无水文测站区域。无水文测站区通常位于多分支河道区域，划分该区域的分水岭困难。而且，分配无水文测站区到水动力模型的入流边界也不易。本章建立环湖区无水文测站区径流模拟模型，计算上游径流在水文站以下分支径流量分配，将流域径流模型与湖泊水动力耦合模拟，并基于水量平衡原理设计对比试验来验证环湖区径流模拟的有效性。

5.2 水文水动力耦合模拟方法

流域模型与湖泊模型的联合模拟采用输出-输入的外部耦合方法，流域水文模型模拟输出的日径流量作为水动力模型输入的上边界条件，将湖口日水位过程作为水动力模型输入的下边界，两者分别反映了流域和长江对鄱阳湖的作用关系；其他均按闭边界条件。湖泊-流域系统联合模型架构见图5-1。

顾及无水文测站区径流的湖泊水动力耦合模拟方法（Scenario$_{+PUB}$）包括以下部分：分支径流量分配比例计算和入湖口概化；水文模型和水动力模型空间耦合分区；各分区的上游子流域径流量通过 DTSM 模型模拟获得，环湖区子流域径流量通过建立流域次降雨径流模型模拟获得，两者按分配比例相加获得入湖口径流量。

为验证无水文测站区径流模型的有效性，同时建立不顾及环湖区（Scenario$_{noPUB}$）的径流模拟方案，通过 Scenario$_{noPUB}$ 与 Scenario$_{+PUB}$ 不同方案模拟精度的对比来进行验证。湖区水位和湖口径流量数据可作为水动力模型模拟精度的检验数据。湖区地形数据可作为水动力模型的基底数据（在2.4.2节中已说明）。

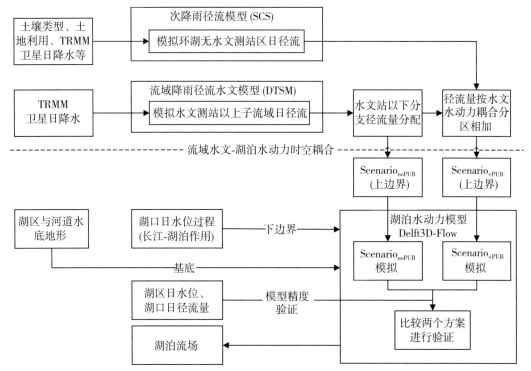

图 5-1　湖泊-流域系统联合模型模拟方法及验证方案

5.2.1　湖泊水动力模型

1. 水动力模型原理

水动力模型采用 Delft3D-Flow，该模型是一个多维流体动力学（物质输运）模拟模型，通过建立适合边界的网格来计算非稳定流。基于浅水特性和 Boussinesq 假设，Delft3D-FLOW 求解了纳维叶-斯托克斯方程（Navier-Stokes）[15]。在浅水情况下垂直方向动量方程可以忽略垂直加速度的影响，以此来推导出静水压强假定条件中的水流方程[16]。为了减小河流边界的不规则可能会引起比较明显的离散误差，在水平方向上，边界使用正交曲线坐标系（η，ε）。

在水平方向上，采用笛卡尔正交曲线坐标系（η，ε），定义如下：

$$\varepsilon = \lambda,$$
$$\eta = \varphi,$$
$$\sqrt{G_{\varepsilon\varepsilon}} = R\cos\varphi,$$
$$\sqrt{G_{\eta\eta}} = R$$

式（5-1）

式中，λ 代表经度，φ 代表纬度，R 代表地球半径（6378.137km，WGS-84）。

在垂直方向上，采用 σ 坐标系，定义如下：

$$\sigma = \frac{z - \zeta}{d + \zeta} + \frac{z - \zeta}{H} \qquad 式（5-2）$$

式中，z 代表垂向坐标；ζ 代表参考面（$z = 0$）以上的水位；d 代表低于参考面以下的水深；H 代表总水深。从水底到自由水面，σ 的变化范围为（-1，0）。当 $\sigma = -1$ 时，代表河底；当 $\sigma = 0$ 时，代表自由水面。σ 坐标可以与河底和水面贴合，即为贴体坐标。如图 5-2 所示。

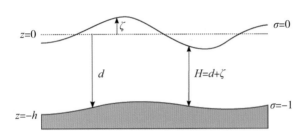

图 5-2 垂向相关变量关系示意

湖泊流动遵循质量守恒定律和动量守恒定律。控制方程为：

1）连续方程（continuity equation）

$$\frac{\partial \zeta}{\partial t} + \frac{1}{\sqrt{G_{\varepsilon\varepsilon}}\sqrt{G_{\eta\eta}}} \frac{\partial((d+\zeta)U\sqrt{G_{\eta\eta}})}{\partial \varepsilon} + \frac{1}{\sqrt{G_{\varepsilon\varepsilon}}\sqrt{G_{\eta\eta}}} \frac{\partial((d+\zeta)V\sqrt{G_{\varepsilon\varepsilon}})}{\partial \eta} = (d+\zeta)Q,$$

$$U = \frac{1}{d+\zeta}\int_{d}^{\zeta} u\,\mathrm{d}z = \int_{-1}^{0} u\,\mathrm{d}\sigma,$$

$$V = \frac{1}{d+\zeta}\int_{d}^{\zeta} v\,\mathrm{d}z = \int_{-1}^{0} v\,\mathrm{d}\sigma,$$

$$Q = \int_{-1}^{0} (q_{\mathrm{in}} - q_{\mathrm{out}})\,\mathrm{d}\sigma + P - E.$$

$$式（5-3）$$

式中，ζ 为参考水平面上的水深；t 为时间步长；d 为参考水平面下的水深；$G_{\varepsilon\varepsilon}$ 为 ε 方向的坐标变换系数；$G_{\eta\eta}$ 为 η 方向的坐标变换系数；u，v 分别代表 ε 和 η 方向的平均流速，Q 为由于单位面积内水流流入、流出以及降水和蒸发引起的水量变化值。

2)动量方程(momentum equation)

水平 ε 方向上：

$$\frac{\partial u}{\partial t}+\frac{u}{\sqrt{G_{\varepsilon\varepsilon}}}\frac{\partial u}{\partial \varepsilon}+\frac{v}{\sqrt{G_{\eta\eta}}}\frac{\partial u}{\partial \eta}+\frac{w}{d+\zeta}\frac{\partial u}{\partial \sigma}-\frac{v^2}{\sqrt{G_{\varepsilon\varepsilon}}\sqrt{G_{\eta\eta}}}\frac{\partial \sqrt{G_{\eta\eta}}}{\partial \varepsilon}+$$

$$\frac{uv}{\sqrt{G_{\varepsilon\varepsilon}}\sqrt{G_{\eta\eta}}}\frac{\partial \sqrt{G_{\varepsilon\varepsilon}}}{\partial \eta}+-fv=-\frac{1}{\rho_0\sqrt{G_{\varepsilon\varepsilon}}}P_{\varepsilon}+F_{\varepsilon}+ \qquad \text{式}(5\text{-}4)$$

$$\frac{1}{(d+\zeta)^2}\frac{\partial}{\partial \sigma}\left(v_v\frac{\partial u}{\partial \sigma}\right)+M_{\varepsilon}$$

水平 η 方向上：

$$\frac{\partial v}{\partial t}+\frac{u}{\sqrt{G_{\varepsilon\varepsilon}}}\frac{\partial v}{\partial \varepsilon}+\frac{v}{\sqrt{G_{\eta\eta}}}\frac{\partial u}{\partial \eta}+\frac{w}{d+\zeta}\frac{\partial v}{\partial \sigma}-\frac{uv}{\sqrt{G_{\varepsilon\varepsilon}}\sqrt{G_{\eta\eta}}}\frac{\partial \sqrt{G_{\eta\eta}}}{\partial \varepsilon}$$

$$-\frac{u^2}{\sqrt{G_{\varepsilon\varepsilon}}\sqrt{G_{\eta\eta}}}\frac{\partial \sqrt{G_{\varepsilon\varepsilon}}}{\partial \eta}-fu=-\frac{1}{\rho_0\sqrt{G_{\eta\eta}}}P_{\eta}+F_{\eta}+ \qquad \text{式}(5\text{-}5)$$

$$\frac{1}{(d+\zeta)^2}\frac{\partial}{\partial \sigma}\left(v_v\frac{\partial v}{\partial \sigma}\right)+M_{\eta}$$

式中，u，v，w 分别表示在正交曲线坐标系下 σ，η，ε 三个方向上的速度变化值，其中 w 是定义在运动的 σ 空间的垂向速度，在 σ 坐标系中由以下的连续方程求得：

$$\frac{\partial \zeta}{\partial t}+\frac{1}{\sqrt{G_{\varepsilon\varepsilon}}\sqrt{G_{\eta\eta}}}\frac{\partial((d+\zeta)u\sqrt{G_{\eta\eta}})}{\partial \varepsilon}+\frac{1}{\sqrt{G_{\varepsilon\varepsilon}}\sqrt{G_{\eta\eta}}}\frac{\partial((d+\zeta)v\sqrt{G_{\varepsilon\varepsilon}})}{\partial \eta}+\frac{\partial w}{\partial \sigma}$$

$$=(d+\zeta)(q_{\text{in}}-q_{\text{out}}) \qquad \text{式}(5\text{-}6)$$

式中，$G_{\varepsilon\varepsilon}$、$G_{\eta\eta}$ 为曲线坐标到直角坐标的转换系数；F_{ε}、F_{η} 分别为 ε 和 η 方向上的紊动动量通量；M_{ε}、M_{η} 分别表示 ε 和 η 方向动量的源和汇；ρ_0 为水体密度；V_v 为垂向紊动系数；f 是科氏力系数，与地理纬度相关；P_{ε}、P_{η} 分别表示 ε 和 η 方向上的水压力梯度。

3)输运方程(transport equation)

物质和热量输运由平流-扩散方程来模拟。传输方程在水平方向采用正交曲线坐标系，在垂直方向采用 σ 坐标系，表述如下：

$$\frac{\partial(d+\zeta)c}{\partial t}+\frac{1}{\sqrt{G_{\varepsilon\varepsilon}}\sqrt{G_{\eta\eta}}}\left\{\frac{\partial\left[\sqrt{G_{\eta\eta}}(d+\zeta)uc\right]}{\partial \varepsilon}+\frac{\partial\left[\sqrt{G_{\varepsilon\varepsilon}}(d+\zeta)vc\right]}{\partial \eta}\right\}+\frac{\partial wc}{\partial \sigma}=$$

$$\frac{d+\zeta}{\sqrt{G_{\varepsilon\varepsilon}}\sqrt{G_{\eta\eta}}}\left\{\frac{\partial}{\partial\varepsilon}\left(D_H\frac{\sqrt{G_{\varepsilon\varepsilon}}}{\sqrt{G_{\eta\eta}}}\frac{\partial c}{\partial\varepsilon}\right)+\frac{\partial}{\partial\eta}\left(D_H\frac{\sqrt{G_{\varepsilon\varepsilon}}}{\sqrt{G_{\eta\eta}}}\frac{\partial c}{\partial\eta}\right)\right\}$$

$$+\frac{1}{d+\zeta}\frac{\partial}{\partial\sigma}\left(D_V\frac{\partial c}{\partial\sigma}\right)-\lambda_d(d+\zeta)c+S \qquad \text{式(5-7)}$$

式中，D_H 为水平扩展系数，D_V 为垂直扩散系数，λ_d 为一阶衰减过程，S 为单位面积中的物质源，其由入流量和出流量或者自由表面的热交换 Q_{tot} 决定：

$$S=(d+\zeta)(q_{\text{in}}c_{\text{in}}-q_{\text{out}}c)+Q_{\text{tot}} \qquad \text{式(5-8)}$$

水平扩散系数 D_H 定义为：

$$D_H=D_{\text{SGS}}+D_V+D_H^{\text{back}} \qquad \text{式(5-9)}$$

其中，D_{SGS} 为子网格尺度的湍流导致的扩散。D_H^{back} 为用户率定的扩散系数。垂直方向的扩散系数 D_V 定义为：

$$D_V+\frac{v_{\text{mol}}}{\sigma_{\text{mol}}}+\max(D_{3D},D_V^{\text{back}}), \qquad \text{式(5-10)}$$

其中，D_{3D} 为垂直方向湍流导致的扩散，v_{mol} 为水体黏滞系数，σ_{mol} 是热传导的普朗特系数(Prandtl Number)或溶解物质扩散的施密特系数(Schmidt Number)。

2. 鄱阳湖区模型参数率定设置

模型构建过程中，需要输入地形格网数据、出入流数据及边界条件数据，根据流域自身特征、条件和模拟的效果对部分参数进行率定，以提高模型的模拟精度。

1）时间步长

当模型计算时，时间步长的设定值与模型的精度有着一定的关系。时间步长取决于柯朗系数(Courant-Friedrichs-Lewy number，CFL)。

模型中时间步长的计算公式为：

$$\Delta t=\frac{\min\{\Delta x,\Delta y\}\times\text{CFL}}{\sqrt{gH}} \qquad \text{式(5-11)}$$

式中，$\min\{\Delta x,\Delta y\}$ 为网格长宽值中的最小值，g 为重力加速度，H 为水深。CFL 一般情况下不超过 10。实验中设定时间步长值为 0.8min。

2）物理参数

(1)粗糙度(roughness coefficient)

粗糙度可由 Chezy 公式、Manning 公式、White-Colebrook 公式算得。实验中率定值为

$45\mathrm{m}^{1/2}/\mathrm{s}$

（2）涡流黏度（eddy viscosity）

模型中涡流黏度系数在实验中设置为 $1\mathrm{m}^2/\mathrm{s}$。

3）数值参数

（1）水深阈值

随着时间变化水域的淹没范围也会随之变化，通过水深阈值的设定可确定模拟中网格的干湿。当某一网格的模拟水深值高于该阈值时，则认为该网格为湿网格。实验中水深阈值选取：0.001m。

（2）平滑时间

由于人为设定的模型初始条件与模型的起始边界条件存在些许差异，为使得其间差异减小的时间尽可能地缩短，根据需要对该时间值进行设定。实验中平滑时间设定为：60min。

（3）动量平流方案

模型给出三种动量平流方案，分别为 Cyclic 方案、Waqua 方案、Flood 方案。因为鄱阳湖水流变化缓慢，实验中采用 Cyclic 方案。

5.2.2　流域水文与湖泊水动力时空耦合

1. 分支径流量分配计算与入湖口概化

在顾及环湖无水文测站区的模拟场景中，水动力模型的上边界输入是有水文资料区的径流和环湖无水文测站区径流的总和。入湖点径流量计算分为两部分。一部分为水文测站以上径流到环湖区，分为多个支流，各支流流量的分配比例；另一部分为环湖区中各子流域产流量；两者之和为各个入湖口的径流量。

对于第一部分，通过水动力模拟的方法结合在河道分支设置监测断面来统计各个分支的径流量。将修水、赣江、抚河、信江、饶河下游邻近湖区的 7 个水文站点以下河道与鄱阳湖连通区域作为水动力模拟的边界，7 个水文站点（虬津、万家埠、赣江、李家渡、梅港、石镇街、渡峰坑）径流为上边界，湖口水位为下边界。如图 5-3 所示，在赣江外洲站以下各入湖支流设置监测断面 gj-1~gj-14。在信江梅港以下各入湖支流设置监测断面 xj-1~xj-6。抚河李家渡以下在信江梅港以下各入湖支流设置监测断面 fh-1~fh-4。中间冗余设置的监测断面可用来检测模拟结果。

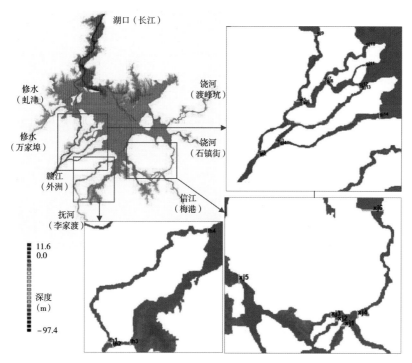

图 5-3 断面监测示意图

模拟结果见图 5-4，表 5-1~表 5-3。

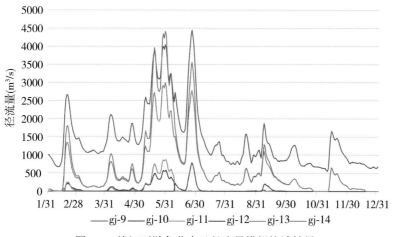

图 5-4 赣江下游各分支日径流量模拟统计结果

表 5-1   赣江环湖区分支径流量

分支截面	gj-1	gj-2	gj-9	gj-10	gj-11	gj-12	gj-13	gj-14
年径流量 Q	535729.01	294702.83	497231.33	14413.48	18491.38	7796.17	180219.96	111586.06

表 5-2   抚河环湖区分支径流量

分支截面	fh-1	fh-2	fh-3	fh-4
年径流量 Q	5409.27	135334.68	135243.49	4585.66

表 5-3   信江环湖区分支径流量

分支截面	xj-1	xj-2	xj-3	xj-4	xj-5	xj-6
年径流量 Q	19799.08	32892.48	135659.7	15.958146	186077.58	166.89

为验证模拟结果的有效性，基于水量平衡原理，上游入口的各分支总水量应该等于下游出口各分支的总水量，即模拟结果中应该大致满足以下约束条件：

$$Q_{gj-1} + Q_{gj-2} = Q_{gj-9} + Q_{gj-10} + Q_{gj-11} + Q_{gj-12} + Q_{gj-13} + Q_{gj-14}$$
$$Q_{xj-1} + Q_{xj-2} + Q_{xj-3} + Q_{xj-4} = Q_{xj-5} + Q_{xj-6} \qquad \text{式}(5-12)$$
$$Q_{fh-1} + Q_{fh-2} = Q_{fh-3} + Q_{fh-4}$$

表 5-4 为径流分支水量平衡检验统计情况。从各径流上分支与入湖下分支水量平衡检验结果来看，径流总量偏差较小，模拟结果基本可信。

表 5-4   径流分支模拟结果水量平衡检验

河道径流	上分支	入湖口下分支	Bias(100%)
赣江(外洲)	$\sum_{n=1}^{n=2} Q_{gj-n}$	$\sum_{n=9}^{n=14} Q_{gj-n}$	0.23
抚河(李家渡)	$\sum_{n=1}^{n=2} Q_{fh-n}$	$\sum_{n=3}^{n=4} Q_{fh-n}$	0.65
信江(梅港)	$\sum_{n=1}^{n=4} Q_{xj-n}$	$\sum_{n=5}^{n=6} Q_{xj-n}$	1.12

根据以上模拟结果以及支流入湖位置，可以将赣江外洲径流分支概化为 3 个主要入湖径流：赣江北支 I_1(gj-9)、赣江中支 I_2(gj-10 ~ gj-13)、赣江北支 I_3(gj-14)。径流各分支总量占比分别为 60%、27%、13%。

抚河北部支流(抚河故道)的水量仅为 3%，且入湖后河道最终合并，可以将抚河入湖口概化为 I_4 一个入湖口，为李家渡径流量 100%。信江从大东河支流来的水量仅为 0.08%，考虑到其入湖口在不同方向，概化入湖口仍为 2 个：I_5、I_6，其中 I_5 为梅港径流量 100%，I_5 主要承接环湖区径流。各入流口分布详见图 5-5。

2. 水文水动力模拟耦合分区划分

在顾及环湖无水义测站区的模拟场景中，水动力模型的上边界输入是有水义资料区的径流和环湖无水文测站区径流的总和。为了确定上边界输入，需要对水文和水动力模型进行空间耦合。为确保水文和水动力模型在空间上正确耦合，子流域、河流和子流域出口应该满足以下约束条件：①在无水文测站区的河网必须连通上游的五河流域和湖泊的入流点；②7 个水文站点必须置于有水文资料区的出口处且同时位于环湖无水文测站区的入口处；③环湖无水文测站区的出口位置必须完全与水动力模型中的湖泊入流点一致，且下游边界与湖泊边界一致；④环湖无水文测站区的子流域集合需覆盖整个无水文测站区。满足以上约束，流域水文模型可以同湖泊水动力模型在空间上无缝耦合。根据 DEM、水网及其径流分配情况等资料，对环湖区无水文测站区域进一步划分子流域，结果如图 5-5 所示。

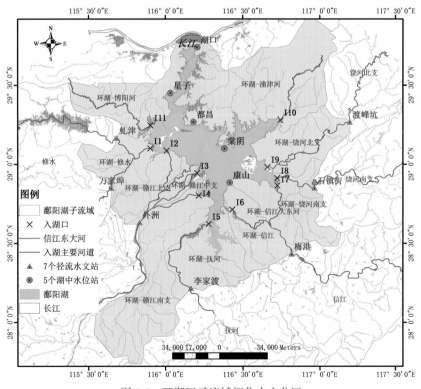

图 5-5　环湖区子流域细化水文分区

其中，将环湖无水文测站区进一步细分为环湖—修水、环湖—赣江北支、环湖—赣江中支、环湖—赣江南支、环湖—抚河、环湖—信江、环湖—信江大东河、环湖—饶河南支、环湖—饶河北支、环湖—潼津河龙泉河、环湖—博阳河共 11 个子流域，对应的概化入湖口依次为 $I_1 \sim I_{11}$。因为环湖区河网发育密集交错，这里概化的入口不一定与实际河道入湖口一一对应，取其主要支流，也可将较为临近河口合并为一个概化的入口。

综合考虑以上因素，水动力模型的上边界，在不顾及环湖无水文测站区的方案中（Scenario$_{noPUB}$），入流点概化为 $I_1 \sim I_6$、$I_8 \sim I_9$；在顾及环湖无水文测站区的方案中（Scenario$_{+PUB}$），新增潼津河、博阳河区域，入流点概化为 $I_1 \sim I_{11}$。环湖无水文测站区的各子区径流量（$Q_{环湖}$）将在 5.2.3 节流域次降雨径流模型中模拟获得。各个入流点径流量分配见表 5-5。

表 5-5 入湖点径流量分配

	Scenario$_{noPUB}$上边界（径流量）	Scenario$_{+PUB}$上边界（径流量）
I_1	$Q_{虬津} + Q_{万家埠}$	$Q_{虬津} + Q_{万家埠} + Q_{环湖，修水}$
I_2	$Q_{外洲} \times 60\%$	$Q_{外洲} \times 60\% + Q_{环湖，赣江北支}$
I_3	$Q_{外洲} \times 27\%$	$Q_{外洲} \times 27\% + Q_{环湖，赣江中支}$
I_4	$Q_{外洲} \times 13\%$	$Q_{外洲} \times 13\% + Q_{环湖，赣江南支}$
I_5	$Q_{李家渡}$	$Q_{李家渡} + Q_{环湖，抚河}$
I_6	$Q_{梅港}$	$Q_{梅港} + Q_{环湖，信江}$
I_7	—	$Q_{环湖，信江东河}$
I_8	$Q_{石镇镇}$	$Q_{石镇镇} + Q_{环湖，饶河南支}$
I_9	$Q_{波峰坑}$	$Q_{波峰坑} + Q_{环湖，饶河北支}$
I_{10}	—	$Q_{环湖，潼津河}$
I_{11}	—	$Q_{环湖，博阳河}$

5.2.3 无水文测站区降雨径流模型

1. 降雨径流模型原理

本节采用美国农业部水土保持局于 1954 年开发研制的流域次降雨径流模型（Soil Conservation Service，SCS）[17]。SCS 模型考虑了土地利用方式、土壤类型及前期土壤含水量对降雨径流的影响，模型的优点是结构相对简单，不需要蒸发等数据，所需输入参数少，对监测数据要求不严，而且考虑了土地利用的特点，因此针对未来土地利用的变化，可以预测降雨径流关系可能的长期的变化，以此来预测人类活动对流域水文的影响，在国内外被广泛地使用。其降雨与径流关系的表达式为[19]：

$$\begin{cases} Q = \dfrac{(P - I_a)^2}{P - I_a + S} & P > I_a \\ Q = 0 & P \leqslant I_a \end{cases} \qquad 式(5\text{-}13)$$

式中，Q 代表径流量（mm）；P 代表降雨量（mm）；I_a 代表初始截留量，包括植物截留、初渗和填洼集水区的初损；S 代表径流产生时最大滞留量，或称储流指数。

研究表明，初始截留量与最大储留指数间存在一定线性关系，可用如下公式表示：

$$I_a = \lambda S \qquad 式(5\text{-}14)$$

式中，λ 为初损率，在 SCS 模型中，标准取值为 0.2，但是多个国家的研究表明，λ 的取值并不是一个定值，其取值在 0 到 0.3 之间[30][20]。在本研究中，λ 取标准值 0.2。

为了计算方便，将上述两公式合并，降雨-径流关系的最终表达式为：

$$\begin{cases} Q = \dfrac{(P - \lambda S)^2}{P + (1 - \lambda)S} & P > \lambda S \\ Q = 0 & P \leqslant \lambda S \end{cases} \qquad 式(5\text{-}15)$$

储留指数 S 与流域土壤类型、地表植被、土壤含水量等有关，可通过无量纲 CN 值（Runoff Curve Number，曲线数值，取值范围[0，100]）计算，公式为：

$$S = \dfrac{25400}{CN} - 254 \qquad 式(5\text{-}16)$$

CN 值反映流域前期土壤含水程度、地表坡度、土壤类型和土地利用状况的综合特征，反映下垫面条件对产汇流过程的影响。

2. 研究区参数 CN 确定

CN 是前期土壤含水程度、地表坡度、土壤类型和土地利用等因子的函数。依据前 5 天的降雨量将土壤湿润度（Antecedent Moisture Condition，AMC）划分为 3 种类型：干旱、平均、湿润（AMC Ⅰ、AMC Ⅱ、AMC Ⅲ），见表 5-6。

AMC Ⅰ：土壤干旱，但未达到萎蔫点，具有良好的耕作状况。

AMC Ⅱ：流域洪水出现前夕的土壤水分平均状况。

AMC Ⅲ：降雨前 5 天内有大雨或小雨和低温出现，土壤水分几乎饱和。

植被生长阶段时间的确定，可以依据研究区月平均 NDVI 值，当一年中 NDVI 值首次大于 0.2 时，确定为生长季节开始月，当 NDVI 值从最大值下降到 0.2 时，确定为生长结束月[21]。

表 5-6　　　　　　　　　　　前期土壤湿润程度等级划分

	前 5 天降雨量（mm）	
	植被生长阶段	休眠阶段
Ⅰ	<30	<15
Ⅱ	30~50	15~30
Ⅲ	>50	>30

AMC Ⅱ 的 CN 值可以在美国农业部水土保持局提供的表中查询获得，而 AMC Ⅰ、AMCⅢ 则可由 AMCⅡ通过公式计算得到，计算公式如下：

$$CN Ⅰ = CN Ⅱ / (2.234 - 0.01234CN Ⅱ) \qquad 式(5-17)$$
$$CN Ⅲ = CN Ⅱ / (0.4036 + 0.0059CN Ⅱ) \qquad 式(5-18)$$

在本研究中，土壤湿度取平均湿润程度。

在提供的平均土壤湿润程度（AMC Ⅱ）值查询表中，主要考虑了两方面的因素，一方面是依据土壤类型按照最小渗透率或土壤质地划分为四种类型；另一方面依据土地利用类型来划分。

结合全国第二次土壤普查得到的鄱阳湖土壤类型，参考已有的研究成果[17][22]，研究区水文土壤分组见表 5-7。

表 5-7　　　　　　　　　　　研究区水文土壤分组

编号	名称	土壤类型
A	高渗入低径流	黑色石灰土
B	中等入渗率	黄壤、粗骨紫色土
C	低入渗率	红壤、黄棕壤、红壤性土
D	低入渗率高径流	棕壤、潮泥田

参考美国农业部水土保持局提供的查询表，结合其他学者已有研究成果[22][24]，确定不同水文土壤分组与土地利用类型的 CN 值见表 5-8。

表 5-8	不同土地利用类型和不同水文土壤类型的 CN 值			
土地利用类型	水文土壤类型			
	A	B	C	D
农用地	69	79	85	89
林地	36	65	76	81
草地	66	75	83	89
建设用地	74	84	90	92
水域	98	98	98	98
未利用地	72	82	98	98

3. 鄱阳湖环湖区模拟结果与分析

1）年径流量统计分析

模拟各子流域年径流量统计结果，环湖无水文测站区径流量约 2839265 万 m^3；有水文测站区观测径流量 11995059 万 m^3，环湖区径流量占比 19%，而其相应的面积占比为 12%。其原因可能是环湖区土地类型多为平原，森林覆盖率低，储流能力偏低，与有水文资料区域的上游流域相比更容易形成径流。环湖无水文测站区域各子流域 SCS 模拟年径流量见图 5-6。

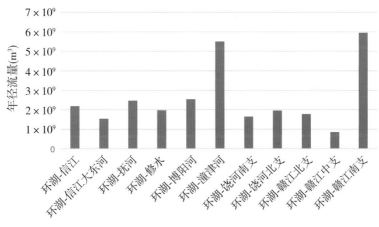

图 5-6　2005 年环湖无水文测站区域各子流域 SCS 径流量

2）日径流量结果分析

环湖区各子流域日径流量模拟结果见图 5-7～图 5-10。

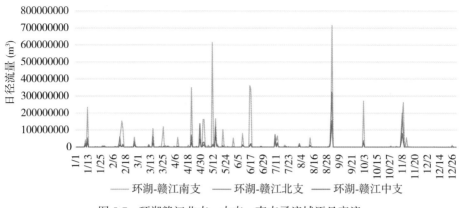

图 5-7　环湖赣江北支、中支、南支子流域逐日产流

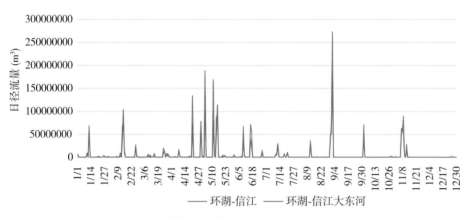

图 5-8　环湖信江、信江大东河子流域逐日产流

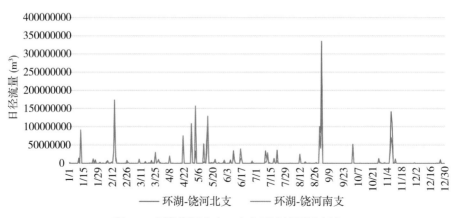

图 5-9　环湖饶河北支、南支子流域逐日产流

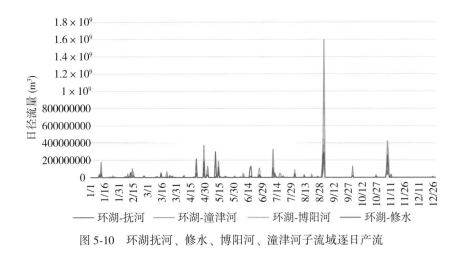

图 5-10　环湖抚河、修水、博阳河、潼津河子流域逐日产流

5.3　水动力模拟精度评估与分析

1. 湖泊水量平衡分析

为了分析环湖无水文测站区对湖泊水体的影响，基于入流和出流差值等于湖泊水量变化的原则，构建湖泊水量平衡方程如下：

$$Q_{in} + P - E + G + \Delta S + \varepsilon' = Q_{out} \qquad 式(5\text{-}19)$$

式中，Q_{in} 表示湖泊的入流量；P 代表湖区的降水；ΔS 代表湖泊蓄水量变化；Q_{out} 代表湖口观测的出流量；ε' 代表水量平衡由于观测数据和其他因素（如无测区径流、模型等）导致的不确定性；E 代表湖区蒸发量，低于湖泊出流量的 2%，可以就近从南昌气象站获取；G 代表地下水交换，大概占水量平衡中的 1.3%[25]。可以将 E，G，ε' 合并为误差 ε。Q_{in}，P 和 ΔS 能通过水动力模型来获得湖口的出流量模拟。

传统的方法中，Q_{in} 忽略了环湖无水文测站区的入流，水量平衡方程被表述为：

$$Q_{SimOut, noPUB} + \varepsilon_{noPUB} = Q_{out} \qquad 式(5\text{-}20)$$

$Q_{SimOut, noPUB}$ 代表水动力模型中在湖口出流处的模拟径流量，ε_{noPUB} 代表忽略环湖区产流、E、G、观测数据误差、水动力模型不确定性等导致的误差。因为环湖无水文测站区占整个鄱阳湖流域的 12%，其影响远大于其他因素（$E + G < 3.3\%$），ε 值是大于 0 的。

当顾及环湖无水文测站区径流影响时，Q_{in} 包括有水文资料区和环湖区的径流量，水量平衡方程如下：

$$Q_{SimOut, +PUB} + \varepsilon_{+PUB} = Q_{out} \qquad 式(5\text{-}21)$$

$Q_{SimOut, +PUB}$ 代表在 Scenario$_{+PUB}$ 中的湖口出流处模拟径流量，ε_{+PUB} 代表环湖区产流模型、

E、G、观测数据误差、水动力模型不确定性因素导致的误差。其中E、G、观测数据误差、水动力模型不确定性因素导致的误差在两种模式下是一样的，因此，如果环湖无水文测站区的径流模拟是足够精确的，那么顾及环湖无水文测站区径流方案中的ε_{+PUB}应该要小于未顾及方案中的ε_{noPUB}。基于上述原理，可用通过两次模拟精度对比的方法来验证无水文测站区的径流模拟结果。

2. 模拟精度评估与分析

模拟精度的评估可通过湖面水位站点以及湖口径流量的监测值来进行。因为鄱阳湖南高北低，在枯水期南北高差达几米，不适宜用单一纬度位置的站点水位进行精度评估。因此分别取位于湖泊北部、南部、中部、北部的星子、都昌、棠荫、康山站位置的日水位数据对模拟结果进行精度验证。精度评估指标采用纳希效率系数E_{ns}、确定性系数R^2、相对误差R_e三个指标，指标计算公式见4.3.2节式(4-9)。模拟结果见图4-17、图4-18和表4-5。

图5-11为未顾及环湖区径流贡献的鄱阳湖水动力模拟结果在都昌、星子、棠荫、康

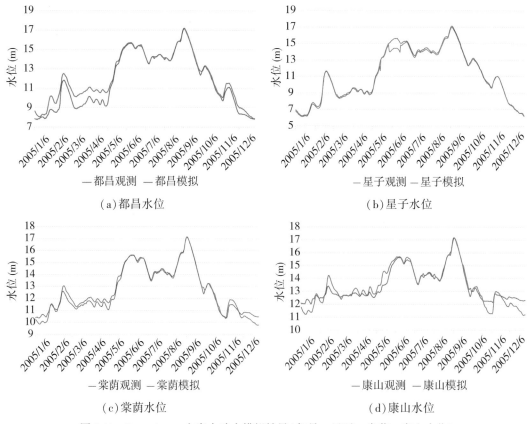

（a）都昌水位

（b）星子水位

（c）棠荫水位

（d）康山水位

图5-11　Scenario$_{noPUB}$方案水动力模拟结果（都昌、星子、棠荫、康山水位）

山的逐日水位与相同位置处湖面水位站逐日观测水位的对比结果。湖泊站点水位拟合纳希效率系数 E_{ns} 介于 0.91~0.99 之间，确定性系数 R^2 介于 0.93~0.99 之间，相对误差 R_e 在 -097~3.66 之间。都昌、康山处枯水期模拟精度相对略低。总体来看，Scenario$_{noPUB}$ 模拟的水位精度已经足够高。

图 5-12 为顾及环湖区径流贡献的鄱阳湖水动力模拟结果在都昌、星子、棠荫、康山的逐日水位与相同位置处湖面水位站逐日观测水位的对比结果。湖泊站点水位拟合纳希效率系数 E_{ns} 介于 0.91~0.99 之间，确定性系数 R^2 介于 0.92~0.99 之间，相对误差 R_e 在 -2.85~0.67 之间。Scenario$_{+PUB}$ 与 Scenario$_{noPUB}$ 对水位模拟的精度十分接近。

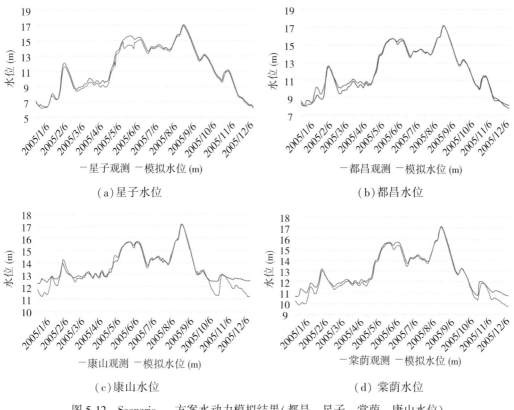

（a）星子水位　　　　　　　　　　（b）都昌水位

（c）康山水位　　　　　　　　　　（d）棠荫水位

图 5-12　Scenario$_{+PUB}$ 方案水动力模拟结果（都昌、星子、棠荫、康山水位）

通江湖泊的水量平衡是一种动态平衡，水位与湖泊出口流量的模拟精度同时比较才有意义。在水位精度十分接近的情况下，出流量的模拟精度可表征水动力模型精度的高低。图 5-13 为两种方案对湖口处出湖日径流量模拟精度的比对。表 5-9 显示顾及环湖区无水文资料径流量的水动力模拟精度有明显提高，Scenario$_{+PUB}$ 方案中湖口流量相对误差

R_e 由 19.71% 降低到 2.49%，这个与 5.2.3 节中环湖区径流量约占整个流域径流总量的 19% 的结论基本吻合；纳希效率系数 E_{ns} 由 0.77 提高到 0.86，确定性系数 R^2 由 0.81 提高到 0.87，在 5 月初波谷处、6 月中旬波峰处、7 月中旬波谷处、8 月下旬波谷处有削峰填谷的表现，说明环湖区产流模型除了在总流量上增加合理，在时间分布上也合理有效。

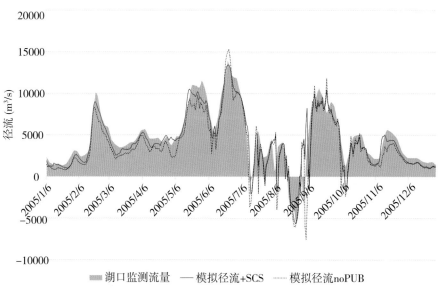

图 5-13　Scenario$_{noPUB}$ 和 Scenario$_{+PUB}$ 方案水动力模拟结果湖口流速比较

表 5-9　　　鄱阳湖水动力模型模拟精度对比（2005/01/06—2005/12/30）

水文站点	Scenario$_{noPUB}$（不顾及环湖区径流）			Scenario$_{+PUB}$（顾及环湖区径流）		
	E_{ns}	R^2	R_e（%）	E_{ns}	R^2	R_e（%）
湖口（径流量）	0.77	0.85	19.71	0.86	0.87	2.49
星子（水位）	0.99	0.94	-0.79	0.98	0.99	-2.85
都昌（水位）	0.93	0.99	3.66	0.98	0.98	0.67
棠荫（水位）	0.98	0.98	0.32	0.95	0.98	-2.28
康山（水位）	0.91	0.92	-0.05	0.91	0.93	-1.49

5.4　湖泊流场模拟可视化与分析

5.4.1　流场交互式动态可视化

湖泊的水动力状态是一个在时刻动态变化的地理过程，难以用要素模型来表达，而适合以空间数据场的形式来展现。湖泊水动力可视化的目的是将透明的、其运动无法用人眼直接观测的流场现象通过可视化方法以人眼能感知的图像形式显示，使人更清晰地洞察地理变化过程。在 Web 环境中以动态交互式可视化的方式来展示湖泊流域的水情动态、流场、物质迁移等要素，可以辅助用户进行探索性分析，以及提供更好的地理信息在线服务。

湖泊流场是空间向量场的一种。常见的空间向量场可视化方法包括：图标法、几何法、纹理法和拓扑法[26]。图标法缺乏动态效果；纹理法适合展示全貌，但其纹理图像的表达格式不利于可视化交互性；拓扑法通过计算临界点位置来链接积分向量场区域边界，适合抓取特性但计算复杂，不利于频繁空间尺度变换交互响应；几何法中基于曲线的可视化方法包括流线、迹线、脉线法，在稳定场中，流线、迹线、脉线的结果同效，但迹线、脉线可适用于不稳定向量场，而流线适用于刻画稳定向量场或者不稳定向量场(或时变向量场)中某一时刻的特征[28]。不是每一种方法都适合交互式 Web 系统使用。湖泊流场本质上是时变向量场，但数值模型的输出通常是时变向量场中一系列时刻的特征。本节研究如何在交互式 Web 系统中通过实时几何流线来刻画鄱阳湖时变流场的方法，以便辅助开展对水动力状态的探索性分析。

1. 基于数据状态模型的空间向量场交互可视化方法

空间向量场可视化与矢量要素可视化不同，矢量要素可视化绘图的数据是要素自身的几何数据，而空间向量场可视化绘图并不一定是向量场数据本身。从数据状态模型出发，可以将空间场交互可视化技术分解为四个数据转换阶段和三种转换操作(图 5-14)。整个可视化流程分为四个不同数据阶段：数值模拟、分析抽象表达、可视化抽象表达和视图。三种数据转换为：数据转换、可视化转换和视觉映射转换。

流线是向量场动态可视化的一种有效方式。流线描述了空间向量场中任意一点处场的切线方向。对于向量场空间中一个特定的位置(除奇点外)，某一时刻有且仅有一条流线通过该点。通过向数值模拟中获得的矢量场中分布密集粒子并赋予初始位置、速度和时间属性，通过粒子的产生、发展到消亡的生命周期可视化过程来实时生成流线。

交互式场景下：通过数字模拟计算输出空间场数据，采样为规则格网数据集进行传输；在 Web 端根据当前视图交互操作对应的可视化空间区域尺度动态计算播撒的粒子点以及粒子的向量平移参数，结合粒子消亡时间参数进行动态绘制。为了让每一帧的粒子风有正确平滑的轨迹，需要对场中各个点之间进行线性插值。让流线的粒子密度能够随着视图漫游进行自适应调整，在不同尺度上很好地表达出流场态势。

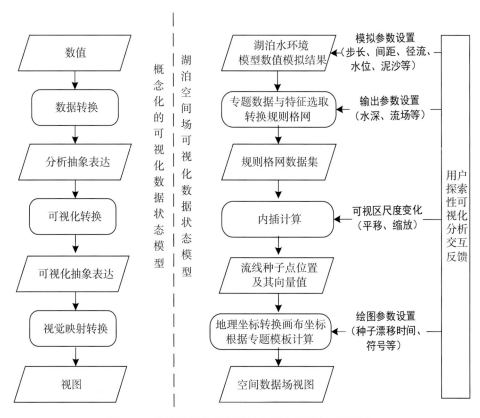

图 5-14   基于数据状态模型的空间向量场交互可视化

2. 基于粒子示踪的动态几何流线 Web 绘制技术

动态几何流线可以通过粒子示踪的方法来实现，粒子被定义为一个从出生、运动到消亡的生命周期。出生阶段满足条件的粒子初始化后被投放到场景中；运动阶段根据控制因素对粒子状态（如粒子速度、形状等）进行持续更新；消亡阶段将满足条件的粒子从场景中剔除。每个粒子都保持着自身的独立性，状态也不尽相同，但粒子群整体的空间分布可以反映空间矢量场的密集度，同时粒子群的规律运动也传递给观察者空间矢量场的变化趋势。

粒子的状态包括位置(x, y)、年龄(age)，以及其他附加属性。每个空间切片与粒子轨迹相交生成大量点，由这些点产生流线。但两种点不会有这样的机会。第一种点，其年龄超过 age，即非活性点。第二种点为落在陆地上的点，这可以通过对流场采样进行判别。

交互过程中的绘制计算步骤为：

步骤 1：发送请求参数到服务器，根据参数设置获取某个时刻的向量场数据。

步骤 2：提取当前 Web 视图窗口（对应 Canvas）范围对应的向量场 grid 数据，grid 可以理解为一个二维数组，每个数组元素是一个向量$[U, V]$，分别存储了这个向量的水平和数值方向分量值。

步骤 3：将 grid 转换为画布坐标 grid_canvas，按画布像素单位为间隔（例如 3 个像素）进行插值，得到加密的粒子数组 grid_particles。内插方式可为双线性插值，即在两个方向（U 方向，V 方向）分别进行一次线性插值。

步骤 4：对 grid_particles 数组中每一个粒子生成轨迹。粒子参数包括(x, y, age, x_t, y_t)属性，其中 age 为粒子存在时间，设置为某个时间间隔内的随机值，(x, y)为粒子出现的原点，(x_t, y_t)为粒子沿着该处向量方向前进 age 时间后到达的位置。

步骤 5：在 Canvas 中采用渐变模式循环绘制所有粒子，为了获得更好的动态视觉效果，流线透明性 α 从头部到尾部逐渐下降。流线的第一个顶点具有最大的不透明性 α_0，其他顶点的不透明性为 $\alpha_i = \alpha_0 / \text{Num}(\text{Num} - i)$，其中 $0 < i < \text{Num}$。可以通过调整流线上顶点的数量 Num 以及积分步长来调整流线的长度。直到视窗交互操作开始暂停绘制。

步骤 6：视窗交互操作结束后，循环回到步骤 1。

3. 实现效果

湖泊流场交互式动态可视化系统可根据浏览器端发送的参数请求，在服务器端采用 4.2 节所建数值模型输出流场数据，转换为规则格网数据后传输到 Web 端进行绘制。Web 系统开发实现结果见图 5-15，系统能动态展现多时相的湖泊流场并在漫游中多尺度自适应与加速表达，见图 5-15(a)和(b)；能流场与影像底图叠加辅助水文地貌分析，见图 5-15(b)等。

该系统适合湖泊水动力场等空间矢量场在 WebGIS 环境中的动态可视化表达，能够很好地表示矢量场大小和直观地显示矢量场的运动情况。同时，也适合视窗的交互操作，流线的密度能够随着视图漫游进行自适应调整，在不同尺度上很好地表达出空间矢量场的态势。

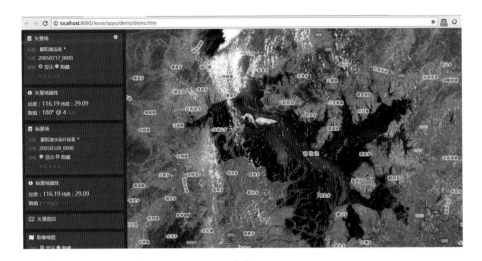

(a)

(b)

图 5-15　湖泊空间数据场模拟可视化 WebGIS 系统

5.4.2　鄱阳湖流场模拟结果分析

通过模拟模型，根据指定的时间参数，输出不同时期鄱阳湖水位与流场，并进行空间数据场可视化。图 5-16 中(a)、(b)、(c)分别为 1 月、6 月、8 月模拟的流场。

如图 5-16 所示，(a)为典型的枯水期流场，湖区水位南北高差可达 7m 以上，湖水在重力作用下由南向北沿河道快速下泄(如图中紫红色区域所示)，湖口流速达 0.5m/s 以上，此时为重力型湖流；(b)为平水期后期流场，随着长江水位的升高，对鄱阳湖水位有一定顶托作用，湖区水位落差小于 7m，湖水流速变慢，湖口流速低于 0.5m/s，仍能从北向南注入长江，此时为顶托型湖流；（c）为丰水期高峰时流场，长江水位继续抬升，江水涌入鄱阳湖，流场方向变为从北向南，几大河流入湖口被挤压顶托回旋，流速变得更为缓慢，此时为倒灌型湖流。鄱阳湖中低水位其以重力型湖流为主，中高水位其以顶托型湖流为主，短时期会发生倒灌现象，是通江湖泊中典型的吞吐型湖泊。

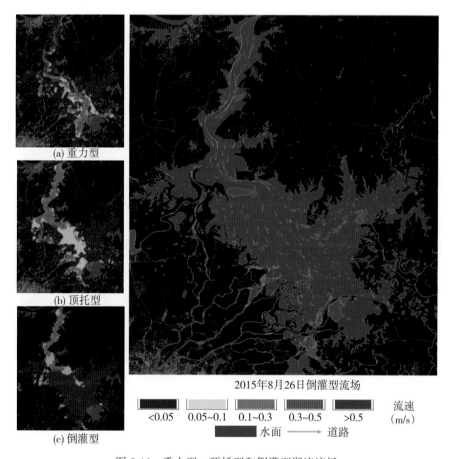

(a) 重力型

(b) 顶托型

(c) 倒灌型

2015年8月26日倒灌型流场

| <0.05 | 0.05~0.1 | 0.1~0.3 | 0.3~0.5 | >0.5 | 流速(m/s) |

水面　　道路

图 5-16　重力型、顶托型和倒灌型湖流流场

如图 5-17 所示，鄱阳湖流场除了发生季节性变化，其流速在空间分布上也差异很大。在河道入湖口，以及深水航道线附近流速更加湍急，季节性浅滩和湿地流速区则更为缓慢。参考相关文献[30]，综合考虑水文地貌与湖泊底质，鄱阳湖连通水体大致可分为：①松门山以北高流速河道型水域；②高流速湖泊型水域(松门山以东)；③低流速湖泊过渡水域(松门山以南)；④赣江南支与中支河口三角洲水域；⑤西部赣江西支与修水河口三角洲水域；⑥东部低流速河口三角洲水域(饶河潼津河)；⑦河口河漫滩低流速湿地型水域(抚河信江)；⑧另外还有一些圩堤隔断的人工湖汊边缘水域(包括军山湖、康山大湖等)。

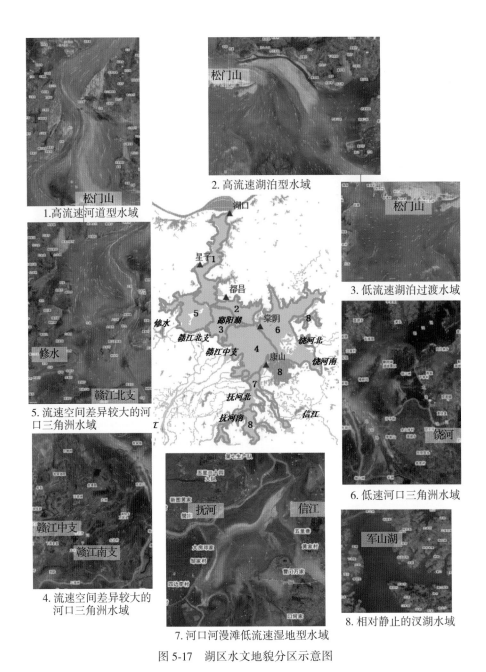

图 5-17　湖区水文地貌分区示意图

　　各分区 1 月枯水期和 8 月丰水期流速统计见图 5-18。1 区湖面狭窄，流速很快，流向向北；2 区湖面宽阔，流速次之，仍然较快；3 区湖面宽阔，湖中心靠近湿地，流速较慢，为半涡流流向；4 区为冲积平原三角洲和平原河网，流速较快，流向为扇形向湖中心扩散；5 区为半封闭宽阔湖泊与航道，流速差异较大，入湖航道流速较快，两侧湖泊型流速平缓；6 区为开阔湖面与湖湾，枯、丰水季节均流域平缓，半涡流流向；7 区为河漫滩，流速较为平缓但季节性差异较大；8 区为相对封闭湖体，湖面几乎静止。

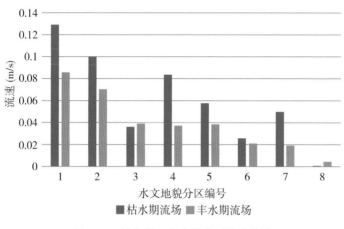

图 5-18　枯水期、丰水期分区流速统计

5.5　本 章 小 结

　　针对环湖区水网细分交错、缺乏水文测站难以直接获取径流观测数据的问题，本章节联合 DTSM 流域降雨汇水径流模型、基于 SCS 的环湖无水文测站区降雨径流模型和基于 Delft3D-Flow 的湖泊水动力模型，在三者之间进行时空耦合来构建联合模型。在空间耦合上，结合水文测站集水范围和水动力模型上边界条件对流域进行子流域细分和入流点概化，通过水动力模拟的方法获得水文测站下游各分支径流量分配比例；在时间耦合上，基于 SCS 模型对环湖区径流量进行日时间尺度模拟；两者相结合获得入湖径流量。采用湖区水位站观测水位和出湖口水文站观测径流量进行验证，结果显示纳希效率系数、确定性系数和相对误差分别能达到 0.86%、0.87% 和 2.49%，表明模型能较好地在日尺度上表征湖泊水情变化。为了便于对流场进行可视化分析，提出基于数据状态模型转换的空间向量场动态可视化方法，采用动态几何流线 Web 绘制技术，实现了湖泊流场的动态交互可视化。对流场的分析显示鄱阳湖流场时空分布差异明显。鄱阳湖流场在年内随水位变化明显，中低水位其以重力型湖流为主，中高水位其以顶托型湖流为主，高水位时短时期内会发生倒灌现象，是通江湖泊中典型的吞吐型湖泊，这将会导致流域汇聚而来的污染物在湖泊水体中的高动态变化。

参 考 文 献

[1] SIVAPALAN M, TAKEUCHI K, FRANKS S, et al. IAHS Decade on Predictions in Ungauged Basins (PUB), 2003—2012: Shaping an exciting future for the hydrological sciences[J]. Hydrological Sciences Journal, 2003, 48(6): 857-880.

[2] HRACHOWITZ M, SAVENIJE H, BOGAARD T, et al. What can flux tracking teach us about water age distribution patterns and their temporal dynamics? [J]. Hydrology and Earth System Sciences, 2013, 17(2): 533-564.

[3] HILGERSOM K, LUXEMBURG W. How image processing facilitates the rising bubble technique for discharge measurement[J]. Hydrology and Earth System Sciences, 2012, 16 (2): 345-356.

[4] MCMILLAN H, TETZLAFF D, CLARK M, et al. Do time-variable tracers aid the evaluation of hydrological model structure? A multimodel approach[J]. Water Resources Research, 2012, 48(5).

[5] HARMAN C, SIVAPALAN M, KUMAR P. Power law catchment-scale recessions arising from heterogeneous linear small-scale dynamics[J]. Water Resources Research, 2009, 45 (9).

[6] KLEIDON A, ZEHE E, EHRET U, et al. Thermodynamics, maximum power, and the dynamics of preferential river flow structures at the continental scale[J]. Hydrology and Earth System Sciences, 2013, 17(1): 225-251.

[7] DESSIE M, VERHOEST N E, PAUWELS V R, et al. Water balance of a lake with floodplain buffering: Lake Tana, Blue Nile Basin, Ethiopia[J]. Journal of Hydrology, 2015, 522: 174-186.

[8] FENG L, HU C, CHEN X, et al. Dramatic inundation changes of China's two largest freshwater lakes linked to the Three Gorges Dam[J]. Environmental Science and Technology, 2013, 47(17): 9628-9634.

[9] RIENTJES T, HAILE A, KEBEDE E, et al. Changes in land cover, rainfall and stream flow in Upper Gilgel Abbay catchment, Blue Nile basin-Ethiopia[J]. Hydrology and Earth System Sciences, 2011, 15(6): 1979-1989.

[10] WALE A, RIENTJES T, GIESKE A, et al. Ungauged catchment contributions to Lake Tana's water balance[J]. Hydrological processes: An International Journal, 2009, 23 (26): 3682-3693.

［11］黄胜晔，王腊春，陈晓玲，等．基于平原水网区的半分布式水文模型构建与应用［J］．长江流域资源与环境，2011（S1）：44-50.

［12］MA X, LIU D. Modeling of interval runoff in the region of Dongting Lake［J］. Shuili Fadian Xuebao, 2011, 30(5): 10-15.

［13］GUO J, GUO S, LI T. Daily runoff simulation in Poyang Lake Intervening Basin based on remote sensing data［J］. Procedia Environmental Sciences, 2011, 10: 2740-2747.

［14］ZHANG L, LU J, CHEN X, et al. Stream flow simulation and verification in ungauged zones by coupling hydrological and hydrodynamic models: a case study of the Poyang Lake ungauged zone［J］. Hydrology and Earth System Sciences, 2017, 21(11): 5847-5861.

［15］BROOMANS P, VUIK C. Numerical accuracy in solutions of the shallow water equations［J］. Master of Science Dissertation, Technical University of Delft, 2003.

［16］HYDRAULICS D. User manual of Delft3D-FLOW—simulation of multi-dimensional hydrodynamic flows and transport phenomena, including sediments［J］. Report of Delft Hydraulics, the Netherlands, 2003, 614.

［17］STATES U. 1986 Agricultural Chartbook. Agriculture Handbook No. 663. ［J］. Superintendent of Documents, U. S. Government Printing Office, Washington, DC 20402 (Stock No. 001-019-00488-6). 1986.

［18］张秀英，孟飞，丁宁．SCS 模型在干旱半干旱区小流域径流估算中的应用［J］．水土保持研究，2003，10(4)：172-174.

［19］刘贤赵，康绍忠，刘德林，等．基于地理信息的SCS 模型及其在黄土高原小流域降雨-径流关系中的应用［J］．农业工程学报，2005，21(5)：93-97.

［20］PONCE V M, HAWKINS R H. Runoff curve number: Has it reached maturity? ［J］. Journal of Hydrologic Engineering, 1996, 1(1): 11-19.

［21］张学霞，葛全胜，郑景云．1982—1999 年中国植被生长季节变动分析［J］．地理学会全面建设小康社会——第九次中国青年地理工作者学术研讨会论文摘要集，2003.

［22］许彦，潘文斌．基于 ArcView 的SCS 模型在流域径流计算中的应用［J］．水土保持研究，2006，13(4)：176-179.

［23］余进祥，赵小敏，吕琲，等．鄱阳湖流域不同农业利用方式土壤径流曲线值的研究［J］．江西农业大学学报，2010，32(3)：613-620.

［24］刘家福，蒋卫国，占文凤，等．SCS 模型及其研究进展［J］．水土保持研究，2010，17(2)：120-124.

［25］LI Y, ZHANG Q, YAO J, et al. Hydrodynamic and hydrological modeling of the Poyang Lake catchment system in China［J］. Journal of Hydrologic Engineering, 2014, 19(3):

607-616.

[26] 王盛波，潘志庚. 二维流场可视化方法对比分析及综述[J]. 系统仿真学报，2014，26（9）：1875-1881.

[27] 宋汉戈，刘世光. 三维流场可视化综述[J]. 系统仿真学报，2016，28（9）：1929.

[28] 陈为，沈则潜，陶煜波. 数据可视化[M]. 北京：电子工业出版社，2013.

[29] 张琍，陈晓玲，张媛，等. 水文地貌分区下鄱阳湖丰水期水质空间差异及影响机制[J]. 中国环境科学，2014，34（10）：2637-2645.

[30] BOUGHTON W. A review of the USDA SCS curve number method[J]. Soil Research，1989，27（3）：511-523.

[31] 王英. 径流曲线法(SCS-CN)的改进及其在黄土高原的应用[D]. 中国科学院研究生院（教育部水土保持与生态环境研究中心），2008.

第 6 章

鄱阳湖流域非点源污染物输移模拟

6.1 引　言

鄱阳湖是过水型通江湖泊，湖泊平均换水周期大约为 1 个月[1]，进入湖泊的污染物质有不少在短时间内会流出到长江。相对于其他类型的湖泊而言，水动力对污染物输移的影响可能比生物化学作用更为突出[2]。湖泊污染物输移过程研究中，粒子跟踪模型可以模拟单个粒子或粒子群的运动轨迹，因此被广泛地应用于研究和模拟自然界中颗粒物体在水体中的输运轨迹、掺混和交换等问题。例如，Visser 等采用粒子跟踪模型模拟了水体中浮游生物的浮游运动，发现粒子模拟不仅可以了解浮游生物个体的微观尺度的运动，也可以了解宏观尺度的种群分布状态[18]。Chen 等采用三维粒子跟踪模型研究了淡水河口内污染物的运动情况，发现潮流驱动和风生流动是影响河口污染物运动的主要原因[19]。Liu 等应用粒子跟踪模型研究发现，淡水河口的水体密度差异引起的立面环流使粒子不能沉降至河床底部[20]。Grawe 等总结比较了若干种粒子跟踪算法的模拟精度，指出粒子的对流为流场驱动的确定性运动，粒子的扩散由水流的随机紊动扩散引起，并基于此对粒子跟踪算法做了改进，取得了精度较好的模拟结果[4]。李建等在香溪河区域应用三维粒子跟踪模型模拟了水藻增殖过程[5]。任华堂在深圳湾基于 EFDC 模型对旱季时期潮余流水动力进行了模拟，分析了深圳湾水体长期的输移规律，并利用拉格朗日粒子跟踪技术分析了内湾不同位置的污染物输移路径，为水污染防治工作提供了科学依据[6]。李云良等采用粒子示踪数值模拟结合野外浮标示踪实验来调查鄱阳湖丰水污染物的迁移路径[7]，采用 2001—2010 年 7—9 月份的平均水情条件，选取径流入湖口作为污染物粒子源位置加以独立模拟，连续释放等量保守型粒子(100 个/时间步长)，但粒子数据没有与径流量、污染物浓度建立关系，仅能表现流动趋势，不能对浓度做定量分析。

鄱阳湖水体的污染大部分来源于流域的非点源污染，由于通江湖泊受上游径流与通江水位等多重影响，水情变化迅速，传统方法采样或遥感监测在时间和空间尺度上难以较为及时地描述水体污染物的动态变化；需要一种方法在流域与湖泊整体系统框架下来模拟流域非点源污染对湖泊高动态水环境的影响。

跟随降雨径流的氮、磷污染物的非点源(Non-Point Source，NPS)排放被认为是造成水体富营养化的主要原因。非点源污染是鄱阳湖区氮、磷的主要外来污染源，非点源污染负荷占入湖总负荷的 68% ~ 76%[8]。径流是连接湖泊和流域生境的重要纽带，入湖径流是氮、磷污染物的重要来源，直接影响湖区的水环境状况。鄱阳湖是典型的过水型通江湖泊，受五流域来水及长江水情的影响，年内变化较大。鄱阳湖流域非点源污染物随径流进入湖泊水体后，部分随着过水流入长江，部分在湖泊中扩散。湖区水动力状况将决定污染物的扩散分布[9]。第 5 章构建了次降雨径流模型 SCS，可获得各子流域土壤降雨产流，用于对流域非点源污染物负荷进行日尺度上的分配；同时还对鄱阳湖区的水动力场进行较为精确的逐日模拟，可在此基础上集成非点源污染模型与水动力粒子示踪模型，模拟流域非点源污染物进入湖泊水体后的连续时空分布状况，研究污染物扩散机理和分布变化规律，结合湖流等水动力成因来综合分析对湖泊水环境的影响。

6.2 非点源污染与水动力粒子示踪模型耦合模拟方法

流域非点源污染模型与湖泊水动力粒子示踪模型时空耦合模拟的方法包括三个部分：①流域非点源污染物估算模型；②流域污染物负荷在入湖口的分配；③污染物随湖泊水动力的输移扩散模拟。在空间耦合上，以水文分区为单元建立基于输出系数模型的流域非点源污染模型。在时间耦合上，基于 SCS 降雨径流模型对各分区非点源污染物负荷进行日尺度分配。将非点源污染模型输出的氮、磷污染物负荷与对应各水文分区径流入湖口粒子源释放的粒子数量之间建立定量关系，作为水动力粒子示踪模型的输入；通过对粒子在水体中的输移扩散模拟，从而获得湖泊污染物浓度的高动态连续时空分布。并结合污染物浓度、流场、悬浮泥沙、叶绿素 a 综合分析了对水环境的影响。研究主要针对鄱阳湖丰水期开展(5—10 月)，主要考虑到这个时期鄱阳湖面积较大，另外温度也基本在 20℃以上，对藻类生长的抑制因素减少。

流域非点源污染物模型与湖泊水动力粒子示踪模型的耦合模拟采用输出-输入的外部耦合的方法，湖泊水动力模型上游边界为子流域汇水径流出口，各个子流域入湖口分配的污染物负荷作为水动力模型的上边界条件，其反映了流域-湖泊的物质输移关系；粒子示踪模型耦合湖泊水动力模型，通过粒子的运动与分布反映水动力对污染物的输移关系。总体架构如图 6-1 所示。

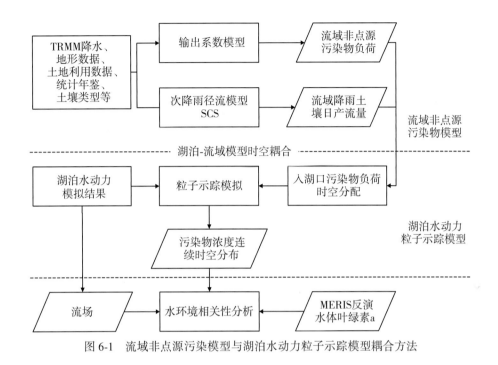

图 6-1　流域非点源污染模型与湖泊水动力粒子示踪模型耦合方法

6.2.1　流域溶解态污染物估算模型

1. 输出系数模型原理

20 世纪 70 年代初期,在研究土地利用-营养负荷-湖泊富营养化关系的过程中,美国、加拿大提出了早期的输出系数模型(Export Coeffcient Model),或称为单位面积负荷模型(Unit Area Load Model)。针对初期输出系数模型的不足,许多学者都做了改进,其中 Johnes 等 1996 年提出了一个更具代表性、更完备的输出系数模型[10][21],表达式如下:

$$L = \sum_{i=1}^{n} E_i [A_i(I_i)] + P \qquad 式(6-1)$$

式中,L 代表营养物质的流失量;E_i 代表对 i 营养源的输出系数;A_i 代表第 i 类土地利用类型的面积或第 i 种牲畜、人口数量;I_i 代表第 i 种营养源的营养物输入量;P 代表由降水输入的营养物量。

由降水产生的营养物输入 P 的计算方法如下:

$$P = c \times a \times q \qquad 式(6-2)$$

式中,c 代表降水中营养物质的浓度;a 代表年降水量(m^3,等于流域的年降水量乘以流域总面积);q 代表径流系数。

Johnes 的输出系数模型是对多年平均较为稳定的估计，对于地貌复杂，降雨时空分布不均地区，则存在不足。一些学者提出了顾及降雨和地形特征的输出系数模型[11]，改进后的模型结构如下：

$$L = \alpha\beta \sum_{i=1}^{n} E\left[A_i(I_i)\right] + P \qquad \text{式(6-3)}$$

式中，α 代表降雨影响因子，用来表征降雨对污染的影响；β 代表地形影响因子，用来表征地形对污染的影响。

由于缺少鄱阳湖流域降雨中污染物质的浓度，故在本研究中暂不考虑降雨产生的污染物，营养源主要考虑土地利用产生的污染物，以及农村生活和畜禽养殖造成的污染物排放。

1）降雨影响因子确定

降雨空间分布对 NPS 污染产生重要的影响[12][13]。降雨影响因子 α 可以表示为：

$$\alpha = \frac{R_j}{\overline{R}} \qquad \text{式(6-4)}$$

式中，α 为降雨影响因子；R_j 为流域内子流域 j 的年降雨量；$\overline{R}$ 为流域全区平均年降雨量。

2）地形影响因子确定

（1）地形对 NPS 污染影响

坡度会影响坡面径流量，进而影响径流携带的 N、P 流失量，故坡度对 NPS 的影响可以通过研究坡度与径流量的关系来分析[33]。已有研究证明，坡度与坡面径流呈现正相关关系，可以建立坡度与径流量的关系如下[22]：

$$Q = a\theta^b \qquad \text{式(6-5)}$$

式中，Q 代表径流量；θ 代表坡度；a、b 为常量。

（2）坡度影响因子确定

坡度影响因子反映了因坡度起伏而造成的 NPS 污染空间差异，表示为：

$$\beta = \frac{Q(\theta_j^b)}{Q(\overline{\theta}^b)} = \frac{\theta_j^b}{\overline{\theta}^b} \qquad \text{式(6-6)}$$

式中，θ_j 为子流域的坡度；$\overline{\theta}$ 为流域全区的平均坡度；b 为常量，可通过实验建立 NPS 污染 N、P 与坡度的相关关系，获得 b 的取值。本研究参照长江流域的已有研究[15]，确定 b 为 0.6104。

3）各污染源输出系数的确定

输出系数模型应用要确定合理的各污染源的输出系数，影响因素主要包括地形地貌、植被覆盖、气象水文、土壤类型和土壤结构、土地利用、管理措施以及人类活动等[14]。

通常，非点源污染的污染源来自不同土地利用类型造成的污染，以及农村居民生活与畜禽养殖带来的污染。对于土地利用，可以分为自然地、农用地与城镇用地三个大类，各大类还可再细分；对于畜禽养殖主要是指猪、鸡等畜禽。

输出系数法的确定，主要有现场监测法与查阅文献法。现场监测法是通过连续 1 年以上监测研究区不同土地利用类型的水质水量，建立模型，计算得到输出系数[14-15]。对于一些不易获取监测数据的区域，可以通过查阅文献，利用其他学者已经研究出的成果，分析得到自己研究区的输出系数。两种方法各有优缺点，现场监测法获得的输出系数精度高，但监测数据需要耗费大量的时间与经费；查阅文献法费用低，简单快捷，但获取的输出系数精度可能有限。本研究输出系数的获取，通过查阅文献，并参考本人所在课题组在鄱阳湖流域已有的研究成果，确定鄱阳湖流域各污染源的输出系数如表 6-1 所示[16]。

表 6-1　　　　　　　　　　　　　　　　　输出系数表

污染物	土地利用/t·(km²·a)⁻¹					人/ t·(ca·10⁴·a)⁻¹	畜禽/t·(ca·10⁴·a)⁻¹	
	农用地	林地	草地	建设用地	未利用地		猪	鸡
总氮	2.9	0.19	1	1.6	1.49	31.12	41.427	0.459
总磷	0.09	0.015	0.02	0.12	0.051	2.04	5.16	0.054

注：ca 代表单位个体，a 代表年。

2. 研究区模型影响因子确定

1）降雨影响因子

降雨数据采用 TRMM 3B42. V7，根据降雨影响因子的计算公式，R_j 为年降雨量，则根据降雨数据进行年累加，$\overline{R}$ 为流域全区平均年降雨量，根据区域统计工具统计。最终鄱阳湖流域分流域降雨影响因子结果见表 6-2。

表 6-2　　　　　　　　　鄱阳湖流域各子流域降雨影响因子

	抚河流域	赣江流域	鄱阳湖环湖区	饶河流域	信江流域	修水流域
子流域年降雨量(mm)	1956.83	1735.14	1985.53	1755.12	1859.44	2060.38
全流域年平均降雨量(mm)	1833.91					
降雨影响因子	1.07	0.95	1.08	0.96	1.01	1.12

2）坡度影响因子

以 DEM 为基础数据，在 ArcGIS 软件中处理得到鄱阳湖流域的坡度信息，然后再在空间统计分析模块中，统计得到鄱阳湖全流域的平均坡度，再通过空间统计模块分区统计得到各子流域的平均坡度，通过坡度影响因子公式计算得到各流域的坡度因子见表 6-3。

表 6-3　　　　　　　　　鄱阳湖流域各子流域坡度影响因子

子流域名称	抚河流域	赣江流域	鄱阳湖环湖区	饶河流域	信江流域	修水流域
平均坡度(°)	7.79	8.96	3.78	10.22	10.24	12.28
全流域平均坡度(°)	8.60					
坡度影响因子	0.84	0.93	0.47	1.01	0.98	1.13

输出系数模型估算溶解态污染物中的两个重要修正因子，降雨影响因子与地形因子都是以流域为基本单位处理得到。为了方便后续计算，利用江西省行政区划分区统计各市县的降雨影响因子和地形因子，见表 6-4。

表 6-4　　　　　　　　鄱阳湖流域各行政区降雨影响因子和坡度影响因子

行政单元	降雨影响因子	坡度影响因子
南昌市	1.08	0.30
景德镇市	0.92	0.89
萍乡市	0.98	1.01
九江市	1.14	0.88
新余市	1.01	0.66
鹰潭市	1.00	0.75
赣州市	0.92	1.04
吉安市	0.95	0.90
宜春市	1.04	0.80
抚州市	1.06	0.87
上饶市	1.00	0.87

输出系数模型需要输入的数据包括：研究区土地利用类型面积、人口与畜禽的数量，其中研究区人口与畜禽的数量主要由统计年鉴得到，在统计年鉴中，人口与畜禽数量都是以行政单元为统计单元给出的，故考虑到获取的数据特点，在溶解态污染物估算中最终的处理基本单元以鄱阳湖流域所在的 11 个地级市为基本单元处理估算污染源负荷。

3. 鄱阳湖流域溶解态污染物估算

输出系数模型估算的溶解态污染物在本研究中可以分为两个部分：土地利用产生的污染物、农村生活与畜禽养殖产生的污染物。下面分别从这两个方面，估算鄱阳湖流域各地级市的污染物负荷。

1）土地利用产生的污染物负荷

将上文得到的土地利用数据进行重分类，分为农业用地（水田、旱地、河渠）、林地、草地、建设用地（城镇用地、农村居民点及其他建设用地）、未利用地（沼泽、湖泊、裸地、裸岩、滩涂）五类。

土地利用产生的污染物负荷获取步骤如下：

分别统计 6 个流域内不同土地利用类型的面积，计算地类的 N、P 含量；将计算好的各地类产生的 N、P 含量，按流域汇总，得到流域上的总氮、总磷含量；将各流域的总氮、总磷含量与降雨影响因子、坡度影响因子相乘，获得各流域土地利用产生的污染物负荷，详见表 6-5。

表 6-5　　　　　　　　**鄱阳湖流域各子流域土地利用产生的污染物**　　　　　　（单位：t）

	抚河流域	赣江流域	环湖区流域	饶河流域	信江流域	修水流域	全流域
总氮	1429.04	7189.35	2127.55	957.26	1401.18	1646.22	14750.60
总磷	54.64	278.27	74.55	39.21	53.96	66.49	567.12

2）农村生活与畜禽养殖产生的污染物负荷

由江西省 2006 年统计年鉴统计得到 2005 年各市的人口、牲畜、家禽的数量，根据公式计算得到农村生活与畜禽养殖产生的污染物负荷。

本研究对牛羊数量的统计折算成猪的数量，换算关系参考 GB 18596—2001《畜禽养殖业污染物排放标准》与《全国水环境容量核定技术指南》：3 只羊折合为 1 头猪，1 头牛折合为 5 头猪，详见表 6-6。

表6-6 　　　　　　　　鄱阳湖流域各行政区牲畜与农村生活产生的污染物 　　　（单位：t）

	人口		猪		家禽	
	总氮	总磷	总氮	总磷	总氮	总磷
南昌市	244.64	16.04	385.60	48.96	37.38	4.40
景德镇市	236.87	15.52	243.68	30.94	10.73	1.26
萍乡市	397.38	26.05	439.08	55.75	21.34	2.51
九江市	1077.12	70.54	756.91	96.11	45.92	5.40
新余市	149.36	9.79	275.60	34.99	8.80	1.04
鹰潭市	178.78	11.72	310.18	39.38	12.02	1.41
赣州市	1934.01	126.78	2627.98	333.68	212.54	25.00
吉安市	968.53	63.49	2000.70	254.03	72.65	8.55
宜春市	1028.24	67.40	1933.81	245.54	92.42	10.87
抚州市	812.16	53.24	1223.64	155.37	92.68	10.90
上饶市	188.63	12.37	1307.97	166.07	86.17	10.14

将以行政单元为基础的污染物负荷转换成以流域为单元的污染物负荷，见表6-7。

表6-7 　　　　　　　　鄱阳湖流域各子流域牲畜与农村生活产生的污染物 　　　（单位：t）

	赣江流域	环湖区流域	饶河流域	信江流域	修水流域	全流域
总氮	11356.71	2333.11	983.51	1335.23	1783.75	19598.13
总磷	1179.24	238.57	106.12	149.34	149.34	2008.88

3）总溶解态污染物负荷

将输出系数法计算的各种类型的污染物相加，得到鄱阳湖流域2005年总的溶解态污染物负荷，见表6-8。

表6-8 　　　　　　　　　鄱阳湖流域溶解态污染物负荷 　　　（单位：t）

流域名称	总氮	总磷
抚河流域	3234.86	240.91
赣江流域	18546.05	1457.51
环湖区流域	4460.66	313.11

流域名称	总氮	总磷
饶河流域	1940.77	145.33
信江流域	2736.42	203.30
修水流域	3429.97	215.83
全流域	34348.73	2576.00

4. 氮、磷污染物逐日分配结果

降雨径流是携带溶解态污染物输入水体的主要因素，分别计算各个流域日尺度 SCS 降雨径流。图 6-2 所示为水文测站上游各子流域土壤日产流量估算结果。环湖区各子流域 SCS 降雨径流估算结果见 5.2.3 节。

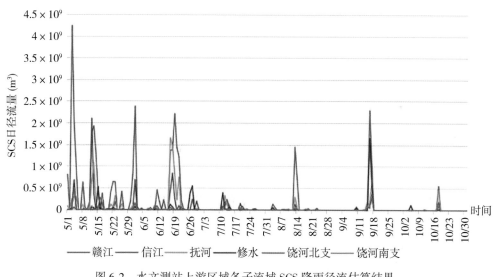

图 6-2　水文测站上游区域各子流域 SCS 降雨径流估算结果

以各流域的 N、P 总负荷为基础，按比例求出各流域日尺度的污染物负荷排放。图6-3 所示为水文测站上游区域各子流域非点源氮污染负荷逐日分配结果。图 6-4 所示为环湖无水文测站区域各子流域非点源氮污染负荷逐日估算结果。图 6-5 所示为水文测站上游区域各子流域非点源磷污染负荷逐日分配结果。图 6-6 所示为环湖无水文测站区域各子流域非点源磷污染负荷逐日估算结果。

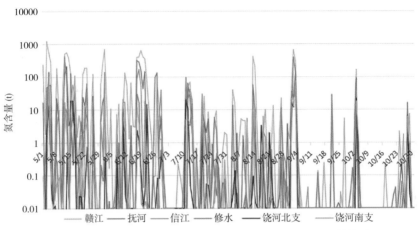

图 6-3　水文测站上游区域各子流域非点源氮污染负荷逐日估算结果

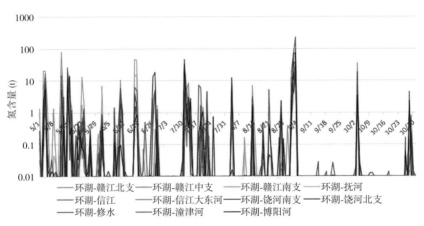

图 6-4　环湖无水文测站区域各子流域非点源氮污染负荷逐日估算结果

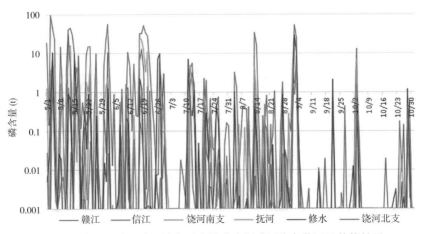

图 6-5　水文测站上游区域各子流域非点源磷污染负荷逐日估算结果

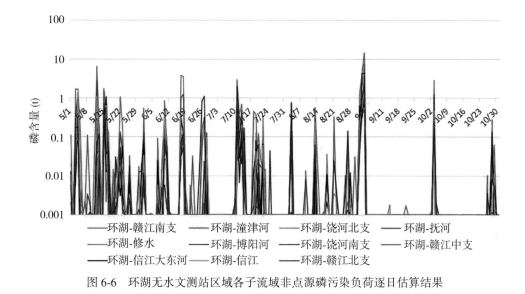

图 6-6　环湖无水文测站区域各子流域非点源磷污染负荷逐日估算结果

6.2.2　污染物在湖泊中输移过程模拟

通过连续释放的粒子在水动力下的移动过程跟踪，来模拟污染物在湖泊中的迁移过程。粒子示踪模型利用水动力模型实时计算的流速场，依靠粒子运动轨迹来清晰展现空间水流运动，进而反映污染物的逐日迁移路径；同时粒子本身可以赋予质量关系，通过计算单元网格内的粒子数目所代表的污染物负荷(质量)和单元格网当前水深下的水体体积，可获得污染物浓度的空间分布。

1. 粒子示踪模型原理

在微观层面物质的传递通常可由三种机制构成：扩散(diffusion)、移流(advection)、弥散(dispersion)[24]。弥散是在有移流存在的情况下发生的，是由流体流动时溶质的流速不均而引起的一种对扩散现象的加强作用。

对粒子示踪模拟是利用水动力学模型通过跟踪粒子轨迹来模拟输移过程以及简单的化学反应过程。该方法在三维空间进行粒子的瞬时排放或连续排放，跟踪记录粒子随时间发生的变化。每个粒子的位置都可能受移流(水流输送)、扩散/弥散(随机成分)、沉降(包括冲淤特性)等因素影响。粒子轨迹的位移长度依赖于模型中的局部离散和时间步长，而方向位移是随机的，使用的方法通常被称为"随机漫步方法"或"蒙特卡洛方法"。粒子质量代表了悬浮物质附着其上的数量或浓度，粒子质量可能因为衰变和蒸散发而发生变化。以网格或水动力段为单元对其中的粒子质量进行统计，从而得到动态的粒子扩展浓度分布情况，可以更为详细地描述水质变化过程的时空分布模式。

Delft3D-Part 模块在 Delft3D-Flow 的基础上集成了粒子跟踪模块[25]。对于每个粒子，输移可分解为移流、水平和垂直方向弥散、风力输移三部分的联合作用。其中风力主要针对水面漂浮物质，对溶解态污染物的作用可以忽略。弥散和移流对粒子集的作用分别采用不同的数值模拟模式。

1）移流模式

移流部分的求解，采用基于水动力流速场线性插值方法，获得粒子的移流速度并进行解析积分。计算网格单元中的粒子路径沿流场速度向量进行积分。整个过程遵循水量守恒原理。计算中在水面边界处流速渐变为 0，越过边界的粒子将从计算中剔除。

解析积分过程如下：

$$x(t + \Delta t) = x(t) + \int_0^{\Delta t} \left(\frac{\mathrm{d}x}{\mathrm{d}t} \right) \mathrm{d}t \qquad 式(6\text{-}7)$$

式中，x 代表路程，t 代表时间，$\frac{\mathrm{d}x}{\mathrm{d}t}$ 代表 x 方向的速度。

$$x = x(s(t))$$
$$\frac{\mathrm{d}x}{\mathrm{d}t} = \frac{\mathrm{d}s}{\mathrm{d}t}(\alpha_x x(s) + \beta_x)$$
$$\alpha_x = C(\sigma)\left(\frac{Q_+ - Q_-}{V} \right) \qquad 式(6\text{-}8)$$
$$\beta_x = C(\sigma) \frac{Q_{+/-}}{V}$$

式中，$s(t)$ 代表流线路程函数；$\alpha_x x(s) + \beta_x$ 代表格网中沿着流线方向的速度线性插值；$Q_{+/-}$ 代表格网逆流、顺流面通过的水流；V 代表格网的体积；$C(\alpha)$ 代表水动力格网中流场点间距；$\frac{Q_{+/-}}{V}$ 代表水流 $Q_{+/-}$ 在格网单元的途经时间。

这里的流场（Delft3D-Part）与水动力模拟中的流场密切相关（Delft3D-Flow）。两者耦合条件如下：

$$\frac{\partial}{\partial x}(\alpha_x + \beta_x) = 0 \qquad 式(6\text{-}9)$$

2）弥散模式

所谓的弥散其实就是流动的流体因为速度不均匀而引起一种对溶质扩散（分子扩散 molecular diffusion）作用的加强作用，称之为机械弥散（mechanical dispersion）[26]。在多孔介质中，这种速度不均是由孔隙结构引起的。即由于孔隙壁面的摩擦、孔径不均匀使得溶质的运动轨迹不同。由于在水流运动中机械弥散和分子扩散两者作用实际上无法分离，所以又把这两重作用合起来称为水动力弥散(hydrodynamic dispersion)。

3)水平弥散(horizontal dispersion)

水平弥散系数代表水平方向的随机波动。对粒子跟踪模拟而言,水平弥散系数具有时间依赖性。在粒子释放的初期,粒子集相对较小,粒子的混合主要受小范围的湍流效应作用。随着时间推移,粒子云扩展到足够大范围,涡流和环流效应成为主要的作用力。弥散系数建模了湍流效应,此因素影响在水动力模块模拟中没有考虑。

(1)湍流模型(turbulence model)

相对于水动力流场的空间尺度而言,湍流扩散代表着更微观尺度的偏差。这种偏差导致额外的随机方向的位移。因此湍流模型适合用来建模弥散效果。

因为 D-Waq PART 是动态 3D 模型,弥散系数较小(数量级 $1\text{m}^2/\text{s}$)。在这个尺度上,湍流过程是与时间相关的。可以使用气体动力论(kinetic gas-theory)[27]来描述分子扩散 E:

$$E = \int \langle v(0),\ v(\tau) \rangle \mathrm{d}\tau \qquad 式(6\text{-}10)$$

式中,$\langle\rangle$ 中的项为拉格朗日相关系数,基于布朗运动理论,可近似描述为:

$$\langle v(0),\ v(\tau) \rangle = |v_0|^2 \mathrm{e}^{-\tau/t_L} \qquad 式(6\text{-}11)$$

式中,t_L 代表时长,代入后 E 可近似表达为:

$$E = v_0^2 t_l(1 - \exp(-t/t_l)) \qquad 式(6\text{-}12)$$

(2)床面剪应力(bed shear stress)

床面剪应力 τ_b 描述如下:

$$\tau_b = \frac{\rho g \sqrt{u^2 + v^2}}{C^2} \qquad 式(6\text{-}13)$$

式中,ρ 代表水密度(kg/m^3),u 代表 x 方向流速,v 代表 y 方向流速,C 代表 Chézy 系数($\text{m}^{1/2}/\text{s}$),g 代表重力加速度(m/s^2)。

如果某个位置的 τ_b 小于沉底剪应力阈值(critical shear stress for sedimentation),粒子将会被吸附沉底。反之如果大于沉底剪应力阈值,粒子将会反弹回到水体中。如果某个位置的 τ_b 大于侵蚀剪应力阈值(critical shear stress for erosion),该处的所有沉淀粒子将立即回到水体中。

4)垂直弥散(vertical dispersion)

在水平均匀混合的流体中,垂直水平弥散系数 D_z 可通过混合长度和湍流动能来估算:

$$D_z = \frac{c_\mu^{1/4} L \sqrt{k}}{\sigma C} \qquad 式(6\text{-}14)$$

式中,c_μ 为常量(≈ 0.09,可从平均剪应层检校获得)[28];L 代表混合长度(m);k 代表湍流动能;σC 代表普朗特-施密特数(=0.7,用于热量与养分传输)。

Bakhmeteff 对混合长度估算如下[29]:

$$L = k(H - Z) \sqrt{Z/H},$$
$$Z = -(z - \zeta),$$
$$H = d + \zeta$$

式(6-15)

式中,k 为冯·卡门常量(=0.41);z 为垂直坐标;ζ 为水面高程;d 为参考面下深度;H 为整个水深;Z 坐标轴方向向下($Z = 0$ 代表水面,$Z = H$ 代表水底)。

2. 入湖点污染物分配计算

顾及环湖无水文测站区的水动力模型(Scenario$_{+PUB}$)的入流点概化为 $I_1 \sim I_{11}$,L 为各子流域非点源污染负荷。上游流域的污染物负荷根据分支径流量比例分配(参见 5.2.2 节中表 5-5),与环湖区对应子流域污染物负荷相加,得到各入流点的污染物负荷。分配方案见表 6-9。

表 6-9　　　　　　　　　　　入湖点污染物分配方案

入湖点	污染物计算
I_1	$L_{修水} + L_{环湖,修水}$
I_2	$L_{赣江} \times 60\% + L_{环湖,赣江北支}$
I_3	$L_{赣江} \times 27\% + L_{环湖,赣江中支}$
I_4	$L_{赣江} \times 13\% + L_{环湖,赣江南支}$
I_5	$L_{抚河} + L_{环湖,赣江南支}$
I_6	$L_{信江} + L_{环湖,信江}$
I_7	$L_{环湖,信江大东河}$
I_8	$L_{饶河北支} + L_{环湖,饶河北支}$
I_9	$L_{饶河南支} + L_{环湖,饶河南支}$
I_{10}	$L_{环湖,潼津河}$
I_{11}	$L_{环湖,博阳河}$

3. 粒子参数与污染物浓度关系

粒子示踪模拟以水动力模拟结果为基础,根据粒子属性(可溶性物质,如营养盐;或不可溶物质，如油)以及粒子释放的信息(包括释放频率、释放时间、释放浓度等)，获取在模拟的时间段内水域中粒子的活动轨迹和浓度分布。

实验计划模拟 5—10 月丰水期氮、磷元素的浓度变化。模拟需要输入的参数包括：释放的粒子总数，各入湖口粒子释放频率、释放速率、释放浓度、分配比例。

(1)释放的粒子总数估算。

模拟中释放的粒子数量对计算结果的精度十分重要。因为弥散过程的随机性，模拟需要大量的粒子数才能获得最好的效果。一般来说，模拟精度会随粒子数量的平方根数而变化。数量需求取决于以下因素：模拟时长、粒子的预期扩散范围、计算网格单元的大小、释放数量、垂直方向的层数及精度。释放的粒子总数最小值计算公式如下：

$$N_{total} = \frac{L_{total}}{C_{min} \times A_{cell} \times h_{layer}} \qquad 式(6\text{-}16)$$

式中，L_{total} 为释放物质的总质量(kg)，C_{min} 为最小浓度值(kg/m³)，A_{cell} 为网格面积(m²)，h_{layer} 为水深(m)。

实验中，最小浓度分辨率为 0.00001kg/m³，网格面积取 90000m²，平均水深取 2.45m。氮元素总质量为 19040.907t，计算得最小粒子总数约为 8640000 个。磷元素总质量为 1458.649t，计算得到最小粒子总数约为 662000 个。

(2)粒子释放频率为逐日释放。

(3)粒子释放浓度(kg/m³)由子流域污染物总负荷(kg)除以总流量(m³)计算获得。

(4)粒子释放速率(m³/s)由每日污染物负荷(kg)除以释放浓度(kg/m³)计算获得。

(5)粒子分配比例为子流域污染物负荷与污染物总负荷的比。

除了粒子相关参数，其他物理参数设置如下：

(1)水平弥散系数 $D = at^b$，其中 $a = 1$，$b = 0.01$，t 为粒子存在时间；

(2)沉底剪应力阈值设置为 0.55 Pa；

(3)侵蚀剪应力阈值设置为 0.4 Pa。

6.3　模拟结果与分析

6.3.1　各入湖口污染物输移趋势

模拟结果获得了 2005 年 5 月 1 日至 10 月 31 日各入湖径流携带非点源污染物(氮、磷)在湖泊中的扩展趋势。以下选取了 6 月 19 日、7 月 19 日、8 月 27 日、9 月 8 日、10 月 19 日各污染物在湖泊中的扩散输移分布情况，见图 6-7~图 6-16。

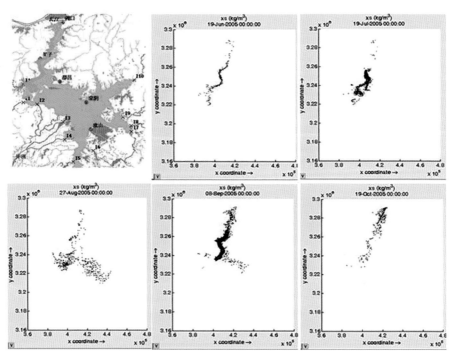

图 6-7　修水来源污染物输移趋势及分布变化（6.19/7.19/8.27/9.8/10.19）

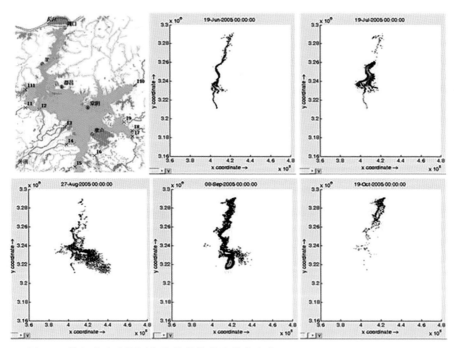

图 6-8　赣江北支来源污染物输移趋势及分布变化（6.19/7.19/8.27/9.8/10.19）

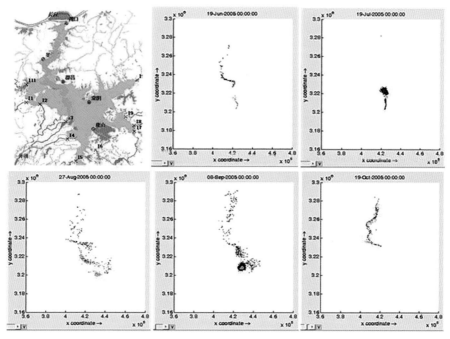

图 6-9　赣江中支来源污染物输移趋势及分布变化(6.19/7.19/8.27/9.8/10.19)

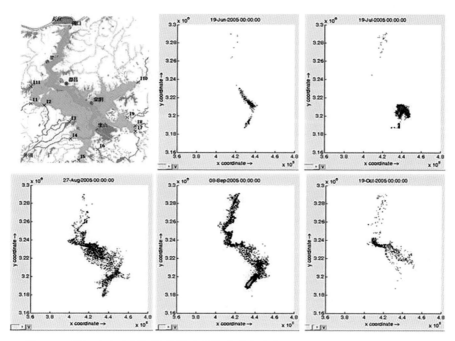

图 6-10　赣江南支来源污染物输移趋势及分布变化(6.19/7.19/8.27/9.8/10.19)

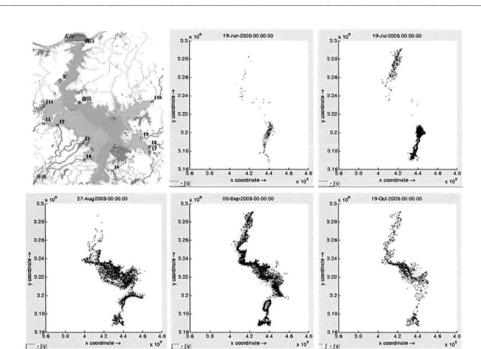

图 6-11 抚河来源污染物输移趋势及分布变化(6. 19/7. 19/8. 27/9. 8/10. 19)

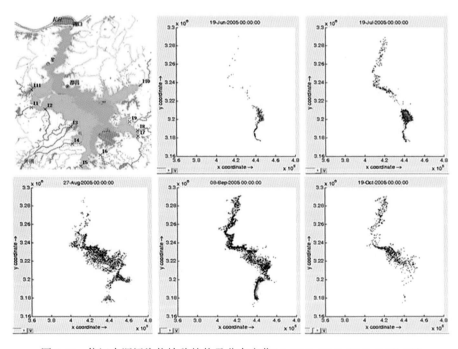

图 6-12 信江来源污染物输移趋势及分布变化(6. 19/7. 19/8. 27/9. 8/10. 19)

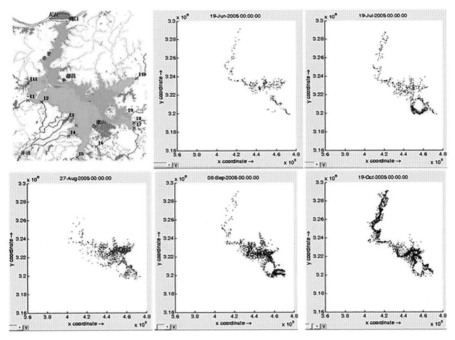

图 6-13　饶河南支来源污染物输移趋势及分布变化(6.19/7.19/8.27/9.8/10.19)

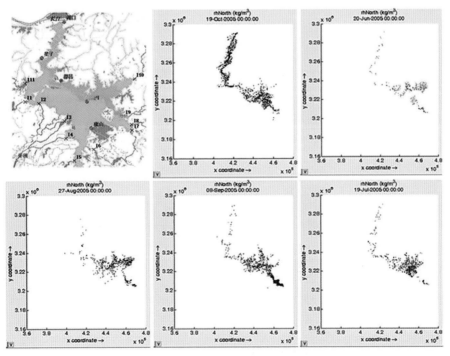

图 6-14　饶河北支来源污染物输移趋势及分布变化(6.19/7.19/8.27/9.8/10.19)

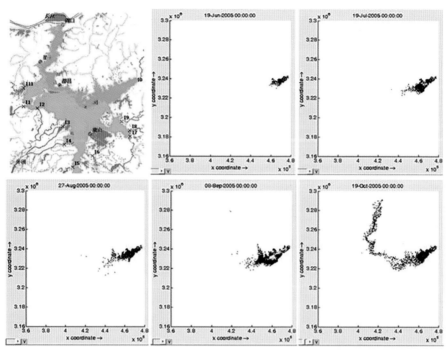

图 6-15　潼津河来源污染物输移趋势及分布变化(6.19/7.19/8.27/9.8/10.19)

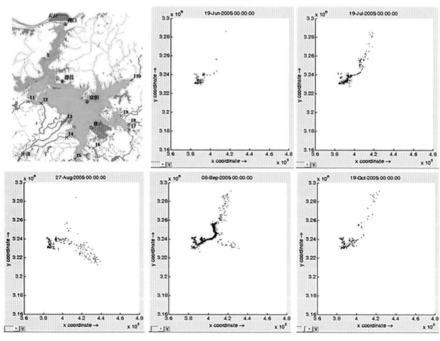

图 6-16　博阳河来源污染物输移趋势及分布变化(6.19/7.19/8.27/9.8/10.19)

丰水期(2005 年 5—10 月)粒子示踪效果模拟显示,修水、赣江(北、中、南)、抚河、信江大部分时间污染物沿着航道奔向湖口出长江,并未表现为明显无定向扩散模式。

比较特别的是,饶河南支、北支、潼津河的大部分物质滞留在了湖体东部区域。尤其是潼津河来源的污染物,长期被滞留在东部水体区域,有文献资料显示,该区域水龄长达 200 天以上[30]。

在长江水倒灌时期,湖泊中的污染物在倒灌下不再沿着航道方向输移,出现了明显的反向和无定向扩散状态。例如在 8 月底左右,出现了该年度最大的一次长江水倒灌入鄱阳湖现象,直至 9 月 8 日后倒灌结束后基本恢复原来由南向北的流向趋势。

6.3.2　湖区整体污染物浓度时空分布

按半月时间段对污染物浓度(氮、磷含量之和)分布求均值结果,如图 6-17 所示。

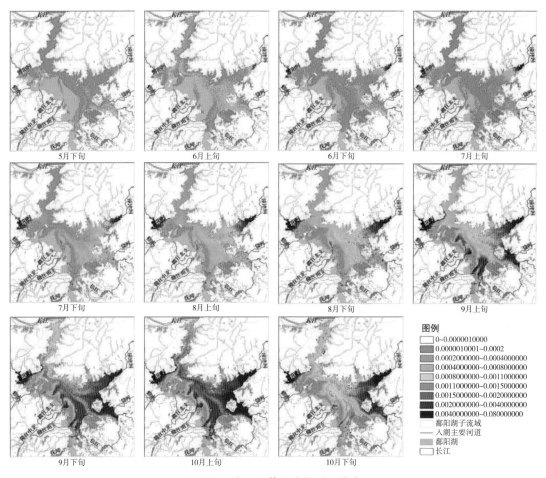

图 6-17　湖区整体污染物时空分布

同时将污染物负荷结果按半月为单元进行统计，结果如图6-18所示。

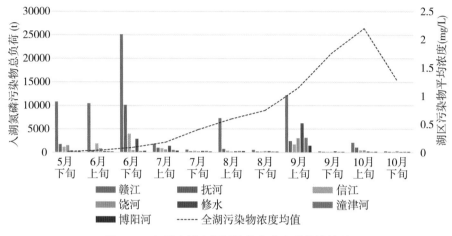

图6-18　各子流域入湖污染物负荷半月统计情况

可以发现，从5月下旬到6月上旬，入湖的污染物总负荷基本相当，但是湖泊水体出现了污染物浓度明显降低的现象，说明鄱阳湖的污染物浓度容易受水情变化影响，其物理自净能力较强。东部潼津河口三角洲区域流速缓慢，平均流速为0.02m/s，长期污染物浓度较高。在西部博阳河入湖口附近，北向而来的修水、赣江北支河水流与南向而来的博阳河水流对冲形成回旋，导致污染物滞留，浓度也长期较高。5月到6月上旬，湖区整体污染物浓度较低，主要原因在于湖泊流速相对较快，污染物容易流出湖泊进入长江。而从7月下旬开始，入湖的污染物总负荷并未显著增加，但是湖水整体污染物浓度反而逐渐显著增加，原因在于长江水位抬高，开始出现长江水倒灌入湖，8月底出现了本年度最大的一次倒灌。倒灌湖流将污染物积压在湖区，同时北向而来的倒灌湖流与南向而来的入湖径流在湖区中部对冲，进一步加剧了东部水域的污染物滞留状况。直到10月上旬本年度最后一次倒灌结束，湖流方向恢复常态，所以至10月下旬污染物浓度开始回落。

6.3.3　叶绿素a相关性分析

叶绿素a(Chl-a)浓度与水体中浮游藻类量成正比关系。影响藻类水华形成的关键因素主要有以下几个方面：①营养盐条件（水体氮、磷）；②水动力学条件；③光照和水温等条件[31]。

1. 叶绿素a反演获取

采用3.3.4节中的叶绿素浓度模型，反演获取2005年5月—10月之间Chl-a数据。

图 6-19 展示的是部分 Chl-a 数据成果，实际使用的数据一共 22 期。具体日期为 5 月 11 日、28 日，6 月 6 日、13 日、15 日、22 日、25 日，7 月 4 日、24 日，8 月 8 日、9 日、15 日、18 日，9 月 12 日、19 日、25 日、28 日，10 月 8 日、11 日、17 日、24 日、30 日，用于做后续相关性分析。

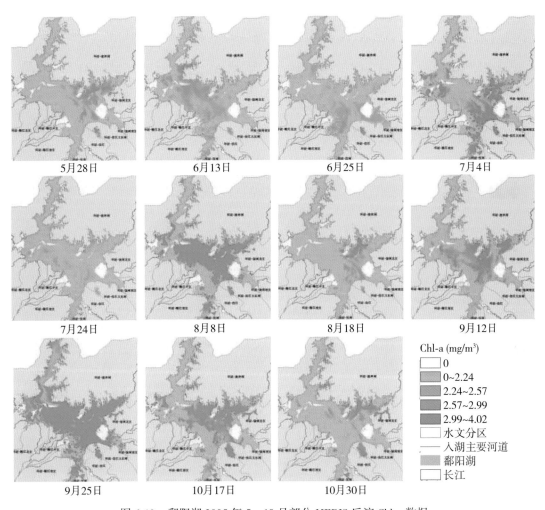

图 6-19　鄱阳湖 2005 年 5—10 月部分 MERIS 反演 Chl-a 数据

2. 简单相关性分析

通过遥感反演获取 2005 年 5—10 月 Chl-a 数据，共 22 景；氮、磷浓度和流场数据为每日模拟数据，采用均值法将每日数据以 7 天为周期进行合成，并将合成后的数据与Chl-a 数据进行相关性计算。为探讨不同区域Chl-a与氮、磷浓度以及流场的相关性，基于像元尺

度进行相关性分析。相关性分析公式:

$$r_{ab} = \frac{\sum\limits_{i=0}^{n}(a_i - \overline{a})(b_i - \overline{b})}{\sqrt{\sum\limits_{i=0}^{n}(a_i - \overline{a})^2 \sum\limits_{i=0}^{n}(b_i - \overline{b})^2}}$$
 式(6-17)

式中,r_{ab} 为变量 a、b 之间的简单相关系数,a_i、b_i 为第 i 年 a、b 的变量值,$\overline{a}$ 为变量 a 在研究期内平均值,$\overline{b}$ 为变量 b 在研究期内平均值,n 为研究期。结果 r_{ab} 的取值范围在[-1 1],当 $r>0$ 时表示两个变量为正相关;当 $r<0$ 时表示两个变量负相关;当 $r=0$ 时表示两个变量之间没有相关性。

由简单性相关性分析结果(图6-20)发现,Chl-a 与氮、磷浓度和流场的相关性空间差异明显。Chl-a 与氮浓度的相关系数分布在-0.961~0.951,Chl-a 与磷浓度的相关系数分布在-0.698~0.767,Chl-a 与流场的相关系数分布在-0.970~0.962。Chl-a 和氮、磷之间

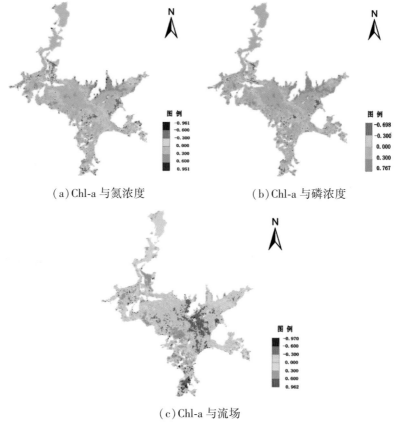

(a)Chl-a 与氮浓度   (b)Chl-a 与磷浓度

(c)Chl-a 与流场

图6-20 Chl-a 与氮浓度、磷浓度、流场简单相关性分析

的相关性空间分布较为相似，呈现负相关的区域主要分布在湖区南部，其他区域零散分布，呈现正相关的区域主要分布在湖口以及湖区中部地区。Chl-a 与流场呈现正相关的区域主要分布在湖口，其他区域零星分布，呈现负相关的区域面积较大，分布在整个湖区。Chl-a 与磷浓度的相关程度明显小于其与氮浓度和流场的相关性，Chl-a 与氮浓度和磷浓度呈现正负相关性的区域面积相当，Chl-a 与流场呈现负相关区域面积大于正相关区域面积。

相关性分析结果显示，Chl-a 与氮浓度和磷浓度的相关程度均较低，湖区氮、磷浓度分布呈现明显空间差异，湖区大部分区域氮、磷相关性值接近于 0，此时氮、磷等营养物质与 Chl-a 相关性较低。在湖区东部区域，流场和 Chl-a 之间呈现显著的负相关，其他区域相关性较低，在湖区东部区域，此区域位于饶河段，饶河段是主要的粮食和渔业区，化肥、农业和水产养殖的饲料，均会造成水体污染，且绕河北支大部分河道的悬浮物质滞留在了湖体东部区域，此区域水流速度缓慢，其水体交换时间相对较长，有利于浮游植物的生长和聚集。

3. 偏相关性分析

简单相关性分析能考虑多个变量之间的相互作用，而偏相关分析是在对其他变量的影响进行控制的条件下，衡量多个变量中某两个变量之间的线性相关程度，可以有效剔除其他变量的影响，在确定两个变量之间的内在线性联系时会更真实、更可靠。本次研究中偏相关的阶数为二，故引进二阶偏相关分析公式：

$$r_{ab,cd} = \frac{r_{ac} - r_{ad,b} \times r_{ac,b}}{\sqrt{1 - r_{ad,b}^2} \times \sqrt{1 - r_{ac,b}^2}} \qquad 式(6-18)$$

$$r_{ac,b} = \frac{r_{ac} - r_{ab} \times r_{bc}}{\sqrt{1 - r_{ab}^2} \times \sqrt{1 - r_{bc}^2}} \qquad 式(6-19)$$

式中，$r_{ab,cd}$ 表示剔除 c 和 d 的影响后，a 和 b 之间的偏相关系数；r_{ac} 表示 a 和 c 之间的简单相关系数，$r_{ad,b}$ 表示剔除 b 的影响后，a 和 d 之间的偏相关系数，$r_{ac,b}$ 表示剔除 b 的影响后，a 和 c 之间的偏相关系数。$-1 < r_{ab,cd} < 1$，当 $r_{ab,cd} < 0$ 时，表示 c，d 为控制变量时变量 a，b 呈现负相关关系，当 $r_{ab,cd} > 0$ 时，表示 c，d 为控制变量时变量 a，b 呈现正相关关系。采用 t 检验进行显著性检验。t 显著性检验公式：

$$t = \frac{r \times \sqrt{n-q-2}}{\sqrt{1-r^2}} \qquad 式(6-20)$$

式中，r 为偏相关系数；n 为样本数量；q 为阶数，统计量服从 $n-q-2$ 个自由度的 t 分布。计算检验统计量的观测值和对应的概率 p 值。如果检验统计量的概率 p 值小于给定的显著性水平 α，则应拒绝原假设；反之，则不能拒绝原假设。

结合偏相关分析图 6-21，Chl-a 与氮浓度和流场的偏相关系数较简单相关系数得到减弱，而 Chl-a 与磷浓度的偏相关系数较简单相关系数得到增加，说明 Chl-a 与磷的相关性受氮和流场影响较大。在偏相关分析结果中，Chl-a 与氮浓度和磷浓度的相关系数空间分布规律较为接近，在湖区西北部部分区域呈现显著负相关，在湖区东部部分区域呈现显著正相关。

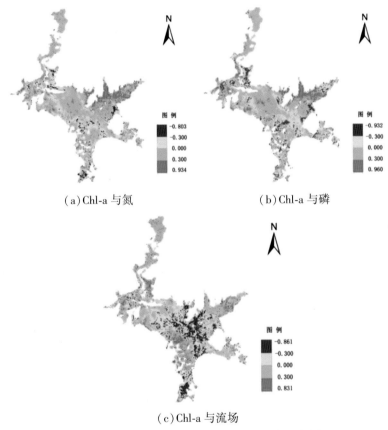

图 6-21　Chl-a 与氮浓度、磷浓度、流场偏相关分析

结合图 6-21 和图 6-22，空间上 Chl-a 与氮浓度整体相关程度较低，呈现正相关的区域面积大于呈现负相关的区域面积，呈现显著正相关的区域主要分布在湖区东部，呈现显著负相关的区域零星分布在湖区南部。Chl-a 和磷浓度的相关程度整体处于较低程度，呈现显著正相关的区域分布于湖区东部部分区域，呈现显著负相关的区域分布在湖区北部都昌附近。Chl-a 和流场整体呈现负相关，正相关程度较小，呈现显著负相关的区域主要分布在湖区东部和南部的部分区域。

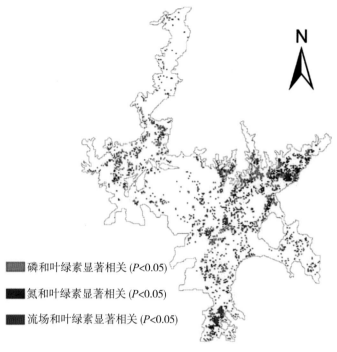

图 6-22　t 显著性检验

　　Chl-a 与氮和磷浓度的整体相关程度较低，说明氮和磷不是藻类生长的限制性因素。在湖区东部区域，Chl-a 与氮浓度和磷浓度均呈现显著相关关系，此区域也是流场最为缓慢的区域，水体浊度不高，易造成营养物质的滞留以及藻类细胞对营养盐的吸收，对藻类生长有着促进作用，此区域氮、磷浓度是影响藻类生长的主要因素之一。在湖泊北部区域都昌和星子附近，Chl-a 与磷浓度呈现显著负相关，与流场和氮的相关性均不显著，此时磷浓度是影响藻类生长的主要因素。在湖区东部及南部部分区域，Chl-a 与流场呈现显著负相关，此处水流速度较为平缓，且易造成营养物质的滞留，流场对区域藻类生长产生了促进作用，此区域流场是影响藻类生长的主要因素之一。

6.3.4　遥感监测与模拟结果结合分析

　　湖体营养物质主要由其流域的农业面源污染及其工矿企业污水随汇水而带来。丰水期粒子示踪效果模拟显示（图 6-23），大部分河道的悬浮物质沿着航道奔向湖口，而并未表现为通常的无定向扩展模式。比较特别的是，发现饶河北支的大部分物质滞留在了湖体东部区域。

　　从前述流场分布情况来看，鄱阳湖东部湖湾，水流速度较缓，不利于水体交换。浮游生物量和 Chl-a 浓度与水体滞留时间存在正相关性[35]，流速缓慢导致水体交换速度慢，滞留时间长，有更大的可能导致 Chl-a 浓度升高。反之，北部入江水道高流速水域区域虽然由于多路汇集，营养盐浓度水平较高，但是水体交换速度快，其 Chl-a 浓度反而偏低。

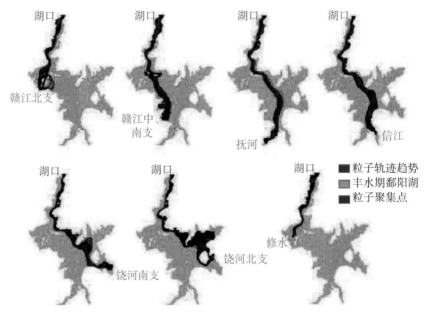

图 6-23　河道入湖物质迁移粒子示踪效果

1. 与采矿污染风险等级相分析

利用地理国情普查数据的采矿统计信息，根据采矿区面积的大小表征采矿污染风险等级，由高到低依次分为一至五级。全省共 22 个县级行政区具有一定的采矿污染风险，其中鄱阳湖流域东北部的德兴市采矿污染风险等级为最高的一级，其次是西南部的吉安县、东部的铅山县。

从采矿污染风险等级分布来看（图 6-24），饶河上游德兴县是全省风险等级最高的区域，因为上游铜矿开采业发达带来的大量工业废水进入湖泊[37]。粒子示踪模拟得到的结果显示，饶河中带来的物质大部分聚集在鄱阳湖东部湖区。也有研究表明，在鄱阳湖东部水体中，TN/TP 的含量是湖区最高的[38]。这个结果正好与粒子示踪得到的结果相印证。

2. 与土壤肥力指数相分析

土壤肥力指数分析采用中国地表建模土壤数据库（http：//globalchange. bnu. edu. cn/research/soil2）中的数据。该数据集整合了 1979—1985 年间的第二次全国土壤调查数据，涉及全国 2444 个乡镇。该数据集对深度为 2.3m 土壤剖面的 8 个垂直分层（0 ~ 0.045，

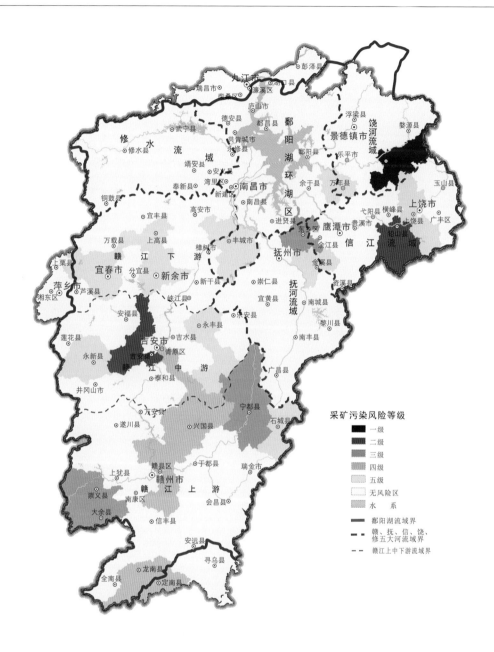

图 6-24　江西省采矿污染风险等级

0.045～0.091, 0.091～0.166, 0.166～0.289, 0.289～0.493, 0.493～0.829, 0.829～1.383 和 1.383～2.296m)的 28 种物理、化学属性进行了统计分析，总的空间分辨率为 30″弧度。

　　江西省土壤肥力指数采用表层土壤数据(0～0.045m)，7 个主要土壤养分包括全氮、全磷、全钾、有效磷、有效钾、有机质、酸碱度，见表 6-10。

由于土壤养分对土壤整体肥力水平的影响作用不同且实测值的量纲也有差异，在求算土壤肥力综合指标时，需要借助隶属度函数消除各个参数指标间的量纲差异，见表6-11。

表6-10　　　　　　　　　　　土壤肥力指数计算采用的土壤要素属性说明

土壤要素	简称	分辨率(弧度)
全氮	TN	30″
全磷	TP	30″
全钾	TK	30″
有效磷	AP	30″
有效钾	AK	30″
有机质	SOM	5.7′
酸碱度	pH	4.85′

表6-11　　　　　　　　　　　　　土壤养分分级标准

土壤养分	级别	土壤
有机质 SOM (g/kg)	1级	>40
	2级	30~40
	3级	20~30
	4级	10~20
	5级	6~10
	6级	<6
全氮 TN (g/kg)	1级	>2
	2级	1.5~2
	3级	1~1.5
	4级	0.75~1
	5级	0.5~0.75
	6级	<0.5

续表

土壤养分	级别	土壤
全磷 TP (g/kg)	1 级	>1
	2 级	0.8~1
	3 级	0.6~0.8
	4 级	0.4~0.6
	5 级	0.2~0.4
	6 级	<0.2
全钾 TK (g/kg)	1 级	>25
	2 级	20~25
	3 级	15~20
	4 级	10~15
	5 级	5~10
	6 级	<5
速效磷 AP (mg/kg)	1 级	>40
	2 级	20~40
	3 级	10~20
	4 级	5~10
	5 级	3~5
	6 级	<3
速效钾 AK (mg/kg)	1 级	>200
	2 级	150~200
	3 级	100~150
	4 级	50~100
	5 级	30~50
	6 级	<30

　　首先，对土壤中各养分建立相应的隶属函数，以此来表示各土壤养分肥力指标的状态值。在一定的范围内，作物的效应曲线均呈现为 S 形，如图 6-25 所示，所以其隶属度函数也采用 S 形曲线，并将曲线型函数转化为相应的折线型函数以利于计算，隶属度函数为式（6-21）：

$$f(x) = \begin{cases} 1.0 & x \geqslant 2 \\ 0.9(x - x_1)/(x_2 - x_1) + 0.1 & x_1 \leqslant x \leqslant x_2 \\ 0.1 & x < x_1 \end{cases} \qquad 式(6\text{-}21)$$

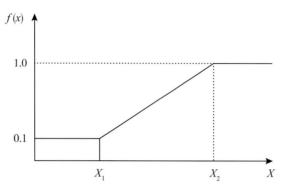

图 6-25　S 形曲线的折线型

　　根据文献资料，确定各个土壤养分曲线的转折点相应取值见表 6-12。根据隶属度函数对各个土壤养分属性进行计算后，各个参数之间的量纲差异得以消除。隶属度的值位于 0.1~1.0 之间，最小值 0.1 表示土壤中该养分属性严重缺乏，肥力极低；最大值 1.0 表示土壤肥力处于最良好的状态，完全适宜作物的生长。

表 6-12　　　　　　　　　　　　　　　各个土壤养分曲线的转折点取值

项目	全氮（TN） g/kg	全磷（TP） g/kg	全钾（TK） g/kg	速效磷（AP） mg/kg	速效钾（AK） mg/kg	有机质（SOM） g/kg	酸碱度（pH）
X_1	0.75	0.4	10	2.5	40	10	5
X_2	1.5	1	25	10	100	30	7

　　由于土壤中的养分属性对土壤整体肥力的贡献不一样，需要确定各个指标的权重，为了尽可能降低人为主观因素的影响，使用偏相关分析方法，在固定其他因素影响的前提下，分析两两因素之间的相关关系，获得每一个土壤养分属性因子对土壤肥力的权重系数。建立各项指标的相关系数矩阵 $\boldsymbol{R}$，由相关系数矩阵求出逆矩阵 $\boldsymbol{R}^{-1}$，再由逆矩阵中的相关元素值计算偏相关系数 r_{ij}。

$$\boldsymbol{R} = \begin{bmatrix} r_{11} & r_{12} & \cdots & r_{1m} \\ r_{21} & r_{22} & \cdots & r_{2m} \\ \vdots & \vdots & & \vdots \\ r_{m1} & r_{m2} & \cdots & r_{mm} \end{bmatrix}$$

$$\boldsymbol{R}^{-1} = \begin{bmatrix} c_{11} & c_{12} & \cdots & c_{1m} \\ c_{21} & c_{22} & \cdots & c_{2m} \\ \vdots & \vdots & & \vdots \\ c_{m1} & c_{m2} & \cdots & c_{mm} \end{bmatrix} \qquad 式(6\text{-}22)$$

$$r_{ij} = \frac{-c_{ij}}{\sqrt{c_{ii}c_{jj}}}$$

计算各因子与其他因子偏相关系数的平均值(R_i)，该平均值占所有肥力指标偏相关系数平均值之和的百分比即为该单项因子在土壤肥力指数中的权重系数(W_i)，根据该权重系数和各个因子的隶属度值，可以求出土壤肥力指数(Integrated Fertility Index，IFI)：

$$\text{IFI} = W_i \times f(x_i) \qquad 式(6\text{-}23)$$

各因子的权重如表 6-13 所示，土壤肥力指数分布如图 6-26 所示。

表 6-13　　　　　　　　　　　　　　各因子的权重

因子	TN	TP	TK	AP	AK	SOM	pH
权重系数	0.220	0.307	0.259	0.045	0.101	0.064	0.004

3. 与悬浮泥沙浓度相分析

不同泥沙浓度导致的水体浊度对水生植被的生长有不同的影响，对于各类水生植物（如菹草、苦草、穗花狐尾藻），浊度为 30NTU，基本都能保持一定的存活率，浊度大于 60NTU 时，随浊度增加，水生植物光合作用显著降低，浊度大于 90NTU 时，基本不利于生长。鄱阳湖泥沙浓度反演结果显示(图 6-27)，北部高流速过江水道水域，悬浮泥沙浓度高达 80~100mg/L，水体浑浊度高，导致藻类生长光照条件受到限制。东部湖区悬浮泥沙浓度为中下，对藻类植物光合作用影响不大。

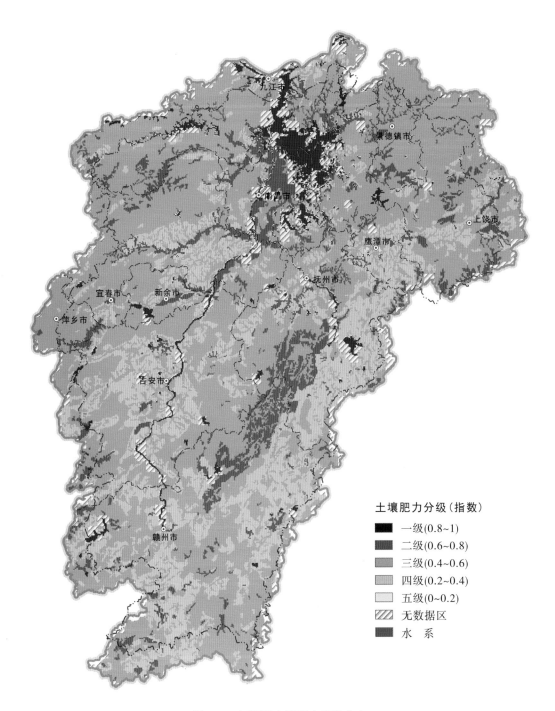

图 6-26　江西省土壤肥力指数分布

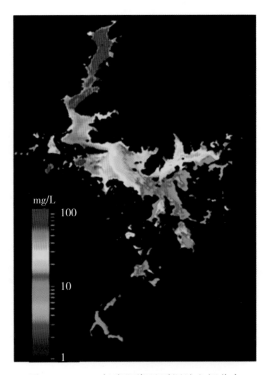

图 6-27　2005 年鄱阳湖悬浮泥沙空间分布

综合以上湖泊模拟与遥感监测分析，东部湖区是鄱阳湖东部流域汇水带来的物质输移聚集区，也是流场最为缓慢的区域，而且水体浊度不高，容易造成营养成分富集与 Chl-a 浓度偏高，是一个水质容易恶化的敏感区域。北部湖区流速较快，物质输移直奔湖口通往长江，营养成分不易富集，叶绿素浓度低，悬浮泥沙浓度高，水体较为浑浊，与采砂船活动有较强相关性。

4. 与湖流强变化相分析

从短时间湖流变化影响来看，对比鄱阳湖江水倒灌期间及倒灌以后的 Chl-a 浓度反演监测数据，如图 6-28 所示，结果显示，江水倒灌期间湖中心区域、东部湖汊区、西南子湖区的 Chl-a 浓度较高，达到 4mg/m³ 以上，而江水倒灌后西南子湖区 Chl-a 浓度有所降低，但东部湖汊区浓度依然还是 4mg/m³ 以上，江水倒灌后，湖泊整体 Chl-a 浓度有所下降，浓度为 4mg/m³ 以上的区域范围大幅减少。

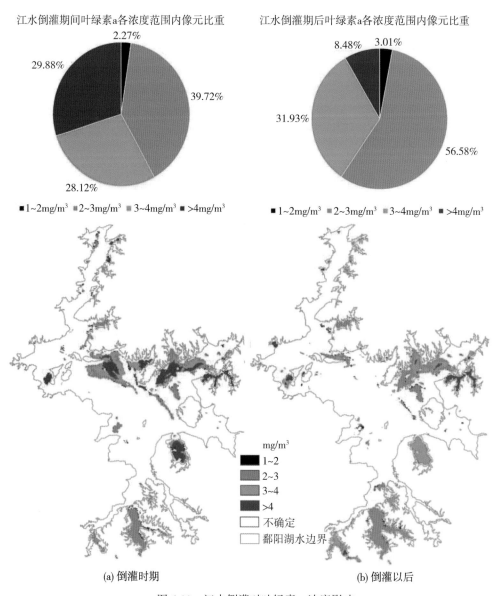

图 6-28　江水倒灌对叶绿素 a 浓度影响

6.4　本章小结

　　针对通江湖泊受上游径流来水与通江水位变化的双重影响，水情变化迅速，传统方法对湖泊水体的有限采样或遥感监测，在时间和空间尺度上难以及时描述水环境动态变化的问题，在时空耦合框架下建立了流域非点源污染模型与湖泊水动力粒子示踪模型的联合模拟模型。在空间耦合上，以水文分区为单元，基于输出系数模型计算流域非点源污染负荷。在时间耦合上，基于 SCS 降雨径流模型对各分区非点源污染物负荷进行日尺度分配。在非点源污染模型输出的氮、磷污染物负荷与相应各水文分区径流入湖口释放的粒子数量之间建立定量关系，作为水动力粒子示踪模型的输入；通过对粒子在水体中的输移扩散模拟，获得了丰水期各入湖径流带来的污染物在湖泊中的输移趋势，以及湖泊污染物浓度的高动态连续时空分布。并结合污染物浓度、流场、Chl-a 进行了相关性分析。发现鄱阳湖整体上对污染物的物理自净能力较强，长江倒灌作用会增加污染物的浓度，污染物分布的时空异质性明显，东部和东南部水体区域容易发生水体富营养化。

参 考 文 献

[1] 李冰，万荣荣，杨桂山，等. 近百年鄱阳湖湿地格局演变研究[J]. 湖泊科学，2022，34(3)：1018-1029.

[2] 李亚娇，张子航，李家科，等. 丹汉江流域非点源污染定量化与控制研究进展[J]. 水资源与水工程学报，2020，31(2)：19-27.

[3] SUN X, HU Z, LI M, et al. Optimization of pollutant reduction system for controlling agricultural non-point-source pollution based on grey relational analysis combined with analytic hierarchy process [J]. Journal of Environmental Management, 2019, 243 (AUG. 1): 370-380.

[4] GRAEWE U, DELEERSNIJDER E, SHAH S H A M, et al. Why the Euler scheme in particle tracking is not enough: the shallow-sea pycnocline test case[J]. Ocean Dynamics, 2012, 62(4): 501-514.

[5] 李健，杨文俊，金中武. 泥沙颗粒分析法在岷江下游河段河床质分析中的应用[J]. 长江科学院院报，2014，31(4)：1.

[6] 任华堂，陶亚，夏建新，等. 旱季深圳湾水污染输移扩散特性研究[J]. 水力发电学报，2010(4)：132-139.

[7] 李云良，姚静，李梦凡，等. 鄱阳湖水流运动与污染物迁移路径的粒子示踪研究[J]. 长江流域资源与环境，2016，25(11)：1748-1758.

[8] 涂安国，李英，莫明浩，等. 基于水文分割法的鄱阳湖入湖非点源污染研究[J]. 人民长江，2012，43(1)：63-66.

[9] 刘海，林苗，殷杰，等. 基于 GIS 的鄱阳湖流域非点源吸附态污染物时空变化研究[J].

长江流域资源与环境, 2017, 26(11): 1884-1894.

[10] JOHNES P. Evaluation and management of the impact of land use change on the nitrogen and phosphorus load delivered to surface waters: the export coefficient modelling approach [J]. Journal of Hydrology, 1996, 183(3-4): 323-349.

[11] 蔡明, 李怀恩, 庄咏涛, 等. 改进的输出系数法在流域非点源污染负荷估算中的应用 [J]. 水利学报, 2004(7): 40-45.

[12] 傅涛, 倪九派, 魏朝富, 等. 不同雨强和坡度条件下紫色土养分流失规律研究[J]. 植物营养与肥料学报, 2003, 9(1): 71-74.

[13] 沈珍瑶. 流域水、沙、污染物相互作用研究[D]. 北京: 北京师范大学, 2008.

[14] 李怀恩, 庄咏涛. 预测非点源营养负荷的输出系数法研究进展与应用[J]. 西安理工大学学报, 2003, 19(4): 307-312.

[15] 刘瑞民, 沈珍瑶, 丁晓雯, 等. 应用输出系数模型估算长江上游非点源污染负荷[J]. 农业环境科学学报, 2008, 27(2): 677-682.

[16] 莫明浩, 杨洁, 顾胜, 等. 鄱阳湖环湖区非点源污染负荷估算[J]. 人民长江, 2010, 41(17): 51-53.

[17] 汪朝辉, 赵登忠, 曹波, 等. 基于 GIS 和 SWAT 模型的清江流域面源污染模拟研究 [J]. 长江科学院院报, 2010, 27(1): 57.

[18] VISSER A W. Lagrangian modelling of plankton motion: From deceptively simple random walks to Fokker-Planck and back again[J]. Journal of Marine Systems, 2008, 70(3-4): 287-299.

[19] CHEN W B, LIU W C, KIMURA N, et al. Particle release transport in Danshuei River estuarine system and adjacent coastal ocean: a modeling assessment [J]. Environmental Monitoring & Assessment, 2010, 168(1-4): 407-428.

[20] LIU W C, CHEN W B, HSU M H. Using a three-dimensional particle-tracking model to estimate the residence time and age of water in a tidal estuary [J]. Computers and Geosciences, 2011, 37(8): 1148-1161.

[21] 赵倩, 马建, 问青春, 等. 浑河上游大苏河乡农业非点源污染负荷及现状评价[J]. 生态与农村环境学报, 2011, 26(2): 126-131.

[22] SSIMS J, SIMARD R, JOERN B. Phosphorus loss in agricultural drainage: Historical perspective and current research [J]. Journal of environmental quality, 1998, 27(2): 277-293.

［23］王百群, 刘国彬. 黄土丘陵区地形对坡地土壤养分流失的影响［J］. 土壤侵蚀与水土保持学报, 1999, 5(2)：18-22.

［24］TAYLOR G I. Dispersion of soluble matter in solvent flowing slowly through a tube［J］. Proceedings of the Royal Society of London. Series A. Mathematical and Physical Sciences, 1953, 219(1137)：186-203.

［25］TOUALI Y, ANTOINE Marine debris dispersion by tidal flow in orkney waters：hydrodynamics model using delft3d-part. marine renewable energy icit, orkney［J］. International Centre for Island Technology, 2016.

［26］DEEN W M. Analysis of Transport Phenomena［M］. OUP USA, 2012.

［27］CSANADY G T. Turbulent diffusion in the environment［M］. Springer Science & Business Media, 1973.

［28］RODI W. Turbulence models and their application in hydraulics—a state of the art review［J］. Iahr Monograph Series, 1980.

［29］BAKHMETEV B A. Hydraulics of Open Channels［M］. McGraw-Hill, 1932.

［30］李云良, 姚静, 李梦凡, 等. 鄱阳湖换水周期与示踪剂传输时间特征的数值模拟［J］. 湖泊科学, 2017, 29(1)：32-42.

［31］黄明海, 刘凤丽, 金峰. 水华发生过程水动力学控制方法探讨［J］. 第八届全国环境与生态水力学学术研讨会论文集. 北京：中国水利水电出版社, 2008：339-345.

［32］FENG L, HU C, HAN X, et al. Long-Term Distribution Patterns of Chlorophyll-a Concentration in China's Largest Freshwater Lake：MERIS Full-Resolution Observations with a Practical Approach［J］. Remote Sensing, 2015, 7(1)：275.

［33］张乃明, 余扬, 洪波, 等. 滇池流域农田土壤径流磷污染负荷影响因素［J］. 环境科学, 2003, 24(3)：155-157.

［34］窦培谦, 王晓燕, 王照蒸. 密云水库上游流域非点源氮流失特征研究［J］. 地球与环境, 2006, 34(3)：71-76.

［35］DELESALLE B, SOURNIA A. Residence time of water and phytoplankton biomass in coral reef lagoons［J］. Continental Shelf Research, 1992, 12(7-8)：939-949.

［36］BURFORD R J, PIERS W E, PARVEZ M. β-Elimination-immune PCcarbeneP iridium complexes via double C-H activation：ligand-metal cooperation in hydrogen activation［J］. Organometallics, 2012, 31(8)：2949-2952.

［37］HE C, LIU J, LI J, et al. Spatial distribution, source analysis, and ecological risk assessment of DDTs in typical wetland surface soils of Poyang Lake[J]. Environmental Earth Sciences, 2013, 68(4): 1135-1141.

[38]WU Z, HE H, CAI Y, et al. Spatial distribution of chlorophyll a and its relationship with the environment during summer in Lake Poyang: a Yangtze-connected lake [J]. Hydrobiologia, 2014, 732(1): 61-70.

第 7 章

鄱阳湖区生态环境可持续综合评价

2009 年 12 月 12 日国务院正式批复《鄱阳湖生态经济区规划》，标志着建设鄱阳湖生态经济区正式上升为国家战略。这也是新中国成立以来，江西省第一个纳入国家战略的区域性发展规划，是江西发展史上的重大里程碑，对实现江西崛起新跨越具有重大而深远的意义。该经济区设计的目标是把鄱阳湖周边区建设成为世界性生态文明与经济社会发展协调统一、人与自然和谐相处的生态经济示范区以及中国低碳经济发展先行区，因此评价其区域内生态环境安全状况具有重要的研究意义。本章中的鄱阳湖区，即鄱阳湖生态经济区的范围，是以江西省鄱阳湖为核心，环鄱阳湖周边的城市圈为基础的经济特区，具体包含南昌、九江、景德镇 3 个地级市以及鹰潭、新余、抚州、宜春、上饶、吉安的部分县市区，共计 38 个县级行政单元(如图 7-1 所示)。

图 7-1　鄱阳湖生态经济区县级行政区划图

7.1 评价指标概述

鄱阳湖区生态环境安全度主要通过环境压力及不同生态系统容量特征的综合分析来体现生态环境系统压力—状态—响应的驱动过程[1]。生态环境安全主要涉及环境压力与生态系统容量与弹性，是外部环境污染对生态系统的压力响应过程，具体的指标根据该过程划分为环境状况与胁迫、生态容量与弹性两种类型的指标，涉及 13 个评价指标项（见图 7-2）。指标项中绿色字体为天地一体化传感网获取的参数，黑色字体为地理国情监测获取的参数。由于地理国情普查数据的获取时间为 2014 年，因此其中天地一体化传感网所获取的参数指标也以 2014 年的年均监测结果为基础，进行计算获得。环境状况与胁迫类型的特征重点关注水、土、气等基本环境要素的状况以及相关的压力指标，具体包含基于天地一体化传感网数据获取的水量与水质指数、土壤污染指数、大气环境指数、地质灾害风险指数、干旱指数、土地沙化指数等 6 项指标。生态容量与弹性类型的特征则侧重生态系统的容量及弹性恢复能力，具体包含地理国情监测获取的 5 种耕、园、林、草、水的地表覆盖数据，将其作为计算单元分析其生态容量值，结合天地一体化传感网获取的作物生长指数、叶面积指数，涉及生态系统的两种动态波动特征，反映其生态系统的弹性程度[4]。

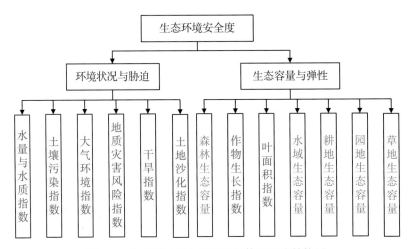

图 7-2 生态环境安全评价指标体系组成结构图

7.2 生态环境安全单项指标计算方法

大气环境指数、土地沙化指数、干旱指数、叶面积指数、作物生长指数计算参照第3章方法。

耕地生态容量、园地生态容量、森林生态容量、草地生态容量、水域生态容量分别以地理国情普查各县区的耕地、园地、林地、草地、水面作为各自生态容量的计算基数。

土壤污染指数、地质灾害风险指数、水量与水质指数计算方法如下。

7.2.1 土壤污染指数

土壤污染指数主要涉及江西省农业源污染[8]，包括种植业、水产养殖、禽畜养殖施肥、用药量等定量指标，具体的指标因子分别为：氮肥、磷肥、钾肥、有效施药量（种植业）；氮肥、磷肥、COD（水产养殖）；氮肥、磷肥、施药量主份、饲料蛋白、饲料磷（禽畜养殖），见表7-1。

土壤污染指数的各项指标因子确定后，需要对评价指标进行规范化处理，以县市行政单元对各个项目指标进行统计，计算综合的土壤污染指数。一般来说，评价指标体系中有正、逆两类指标，采用综合指数评价法，利用极差标准化方法对参评指标进行量化统一。

对于正向指标来说，指标值越大，土壤污染指数值越大，见式(7-1)：

$$X'_{ij} = \frac{(X_{ij} - X_{j\min})}{(X_{j\max} - X_{j\min})} \times 10 \qquad 式(7\text{-}1)$$

对于逆向指标来说，指标值越大，土壤污染指数值越小，见式(7-2)：

$$X'_{ij} = \frac{(X_{j\max} - X_{ij})}{(X_{j\max} - X_{j\min})} \times 10 \qquad 式(7\text{-}2)$$

式中，X_{ij} 和 X'_{ij} 分别是第 i 个县市第 j 个指标因子原值与标准化后的数值；$X_{j\max}$ 和 $X_{j\min}$ 分别是第 j 个指标值在所有县市中的最大值和最小值。

为了避免人为主观因素对各指标权重的影响，采用变异系数法对各个指标因子进行权重赋值，计算公式如下：

$$K_j = D_j \times \sqrt{\overline{X_j}} \qquad 式(7\text{-}3)$$

$$A_j = \frac{K_j}{\sum_{j=1}^{n} K_j} \qquad 式(7\text{-}4)$$

式中，K_j、D_j、$\overline{X_j}$、A_j 分别为第 j 指标的变异系数、均方差、均值和权重值。

表 7-1 土壤污染指标因子及其权重系数

农业源	污染因子(单位面积)	权重系数
种植业	氮肥	0.072
	磷肥	0.077
	钾肥	0.086
	有效施药量	0.090
水产养殖	氮肥	0.096
	磷肥	0.084
	COD	0.106
禽畜养殖	氮肥	0.083
	磷肥	0.122
	施药量主份	0.092
	饲料蛋白	0.081
	饲料磷	0.011

根据这些公式计算的权重值和统一标准化的指标，得到土壤污染指数值(Soil Polluition Index, SPI)，公式为：

$$SPI_i = \sum_{j=1}^{n} A_j X'_{ij} \qquad 式(7-5)$$

7.2.2　地质灾害风险指数

江西省位于我国江南山地丘陵区和多雨区，是我国最为严重的暴雨型山体滑坡、崩塌、泥石流地质灾害易发区之一，也是我国碳酸盐岩岩溶地面塌陷灾害比较严重的地区之一，具有灾害种类多、分布广、活动强度大、发生频率高、破坏损失重等特点[10]。针对江西省地质环境情况、地质灾害发育特征及地质环境问题考虑，确定了以地形坡度、地层岩性、植被覆盖、断裂活动、降雨强度、水系密度及路网密度等 7 个因子作为地质灾害风险评价指标(表 7-2)，并利用层次分析法确定不同指标权重。收集江西省地质图、SRTM数字高程模型、河流水系图、路网图，2014 年降雨量及 2014 年 MODIS NDVI 产品用于提取相应评价指标因子。

表 7-2   江西省地质灾害风险评价指标及权重

指标	岩性	断裂密度	坡度	水系密度	路网密度	植被指数	降雨量
权重	0.15	0.12	0.3	0.1	0.08	0.15	0.1

本研究评价单元以 500m×500m 网格为基础。根据江西省不同岩性岩体工程地质类型将岩体稳定性分为 5 类。利用 DEM 数据生成江西省坡度图。将收集的降雨站点的年雨量插值生成连续的降雨空间分布图，并将以上栅格数据重采样成 500m×500m 网格。将断裂、路网和水系等线性数据离散成 500m×500m 网格，并计算每个网格中路网和水系的长度，进而计算每个网格的断裂密度、路网密度及水系密度。地质灾害风险等级的各项指标因子确定后，需要对评价指标进行规范化处理，一般来说，评价指标体系中有正、逆两类指标，利用极差标准化方法对参评指标进行量化统一。对于正向指标来说，指标值越大、地质灾害风险值越大，标准化的公式为：

$$X' = \frac{X - X_{\min}}{X_{\max} - X_{\min}} \times 255 \qquad\qquad 式(7\text{-}6)$$

对于逆向指标来说，指标值越大、地质灾害风险值越小，标准化的公式为：

$$X' = \frac{X_{\max} - X}{X_{\max} - X_{\min}} \times 255 \qquad\qquad 式(7\text{-}7)$$

式中，X 和 X' 分别是指标因子原值与标准化后的数值；$X_{\max}$ 和 $X_{\min}$ 分别是指标值的最大值和最小值。

根据这些公式计算的权重值和统一标准化的指标，利用综合加权法得到江西省地质灾害风险评价数值（Geoharzard Risk Assessment，GRA），公式为：

$$GRA = \sum_{i=1}^{n} A_i X_i \qquad\qquad 式(7\text{-}8)$$

江西省地质灾害风险评价结果中值越高，其风险越大；值越小，其风险越小。并利用自然断点法进行风险等级划分，得到江西省地质灾害风险等级图。将评价结果与江西省调查的地质灾害点比较进行初步检验，发现评价结果与实际调查数据具有较好的一致性。

利用 MODIS 植被指数、年均降水数据、路网数据、水系数据、构造分布、岩性与地层及 DEM 数据等，基于综合加权评价模型，获得江西省地质灾害风险等级图，风险从高到低依次划分为一到五级（图 7-3）。将评价结果与江西省调查的地质灾害点比较进行初步检验，发现评价结果与实际调查数据具有较好的一致性，结合野外调查灾害点检验，精度达到 80%。结果分析显示，地质灾害高风险区主要分布于赣南山区与丘陵地区。

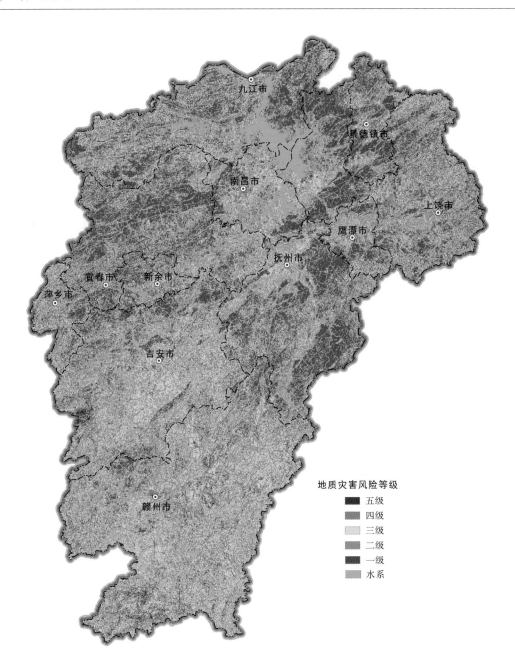

图 7-3 江西省地质灾害风险等级

7.2.3 水量与水质指数

指标中的水量与水质指数主要关注湖库地表水，其中水量通过 GF1-WFV 影像提取其动态变化过程，水质信息考虑到数据的可获取性及区域的生态水质特征，主要考虑悬浮泥沙和叶绿素浓度[11]。收集了鄱阳湖流域所有大型湖泊(水面积 10 km² 以上)、大型水库(库容 1 亿 m³ 以上)的主要特征信息,列表如下(表 7-3)。其中,湖泊属性数据来自中国湖泊科学数据库(http://www.lakesci.csdb.cn/)、中国湖泊志及中国水库研究中心。

表 7-3 　　　　　　　　　　　　鄱阳湖流域大型湖库主要特征信息

	所属行政区划	东经(°)	北纬(°)	湖泊面积(km²)	总库容(亿 m³)
珠湖	上饶市鄱阳县	116.67	29.14	67.04	—
洋坊湖	南昌市/上饶市	116.52	28.53	27.99	—
陈家湖	南昌市进贤县	116.38	28.65	18.63	—
军山湖	南昌市进贤县	116.32	28.53	177.32	—
鄱阳湖	湖区 11 个区县	116.28	29.11	3206.98	—
南北湖	九江市湖口县	116.23	29.68	18.53	—
新妙湖	九江市都昌县	116.19	29.36	31.51	—
瑶湖	南昌市南昌县	116.06	28.69	19.47	—
七一水库	上饶市玉山县	118.23	28.83	—	1.89
大坳水库	上饶市上饶县	117.99	28.16	—	2.76
共产主义水库	乐平市	117.41	29.17	—	1.46
界牌航电枢纽	鹰潭市余江区	116.98	28.31	—	1.86
军民水库	上饶市鄱阳县	116.94	29.59	—	1.89
滨田水库	上饶市鄱阳县	116.92	29.22	—	1.15
洪门水库	抚州市南城县	116.82	27.4	—	12.20
廖坊水库	抚州市	116.61	27.67	—	4.32
团结水库	赣州市宁都县	116.08	26.89	—	1.46
潘桥水库	丰城市	116.01	27.93	—	51
紫云山水库	丰城市	115.82	27.8	—	1.44
长冈水库	赣州市兴国县	115.47	26.36	—	3.57
白云山水库	吉安市吉安县	115.36	26.77	—	1.16
柘林水库	九江市永修县	115.24	29.26	—	79.20
老营盘水库	吉和县	115.16	26.61	—	1.14

	所属行政区划	东经 (°)	北纬 (°)	湖泊面积(km²)	总库容(亿 m³)
峡江水利枢纽	吉安市峡江县	115.14	27.51	—	16.70
上游水库	高安市	115.02	28.53	—	1.83
万安水库	吉安市万安县	114.93	26.19	—	22.16
江口水库	新余市	114.69	27.75	—	8.90
南车水库	吉安市泰和县	114.55	26.74	—	1.53
东谷水库	吉安市安福县	114.53	27.43	—	1.40
大椴水库	宜春市铜鼓县	114.53	28.63	—	1.16
上犹江水库	赣州市上犹县	114.37	25.83	—	8.22
东津水库	九江市修水县	114.36	28.96	—	7.95
社上水库	吉安市安福县	114.26	27.36	—	1.71
油罗口水库	赣州市大余县	114.16	25.35	—	1.40
龙潭水库	赣州市上犹县	114.16	25.94	—	1.16
飞剑潭水库	宜春市	114.11	27.93	—	1.11

通过 2014 年多时相的 GF-1 WFV 影像,以 Landsat-8 OLI 影像(无云)的日期,对各湖库同期或相邻日期的 GF-1 WFV 数据进行配准,分别作为同湖库其他待配准影像数据的基准影像。结合自动匹配获取的海量控制点,通过删选修正,适当补充,最终通过叠置检核,确保配准精度控制在 1 个像素之内。辐射定标参数来源于中国资源卫星应用中心网站,使用的 v1.0 版本为 2015 年 10 月 13 日更新的定标参数。通过辐射定标可将影像的无量纲的图像灰度值转换成具有辐射意义的卫星入瞳处的亮度值。根据 GF-1 WFV 影像的波段设置特点,通过归一化差分水体指数 NDWI 建立特征波段,利用基于剖面线的半自动提取方法,自动提取水体边界。结合每月提取的水体边界和 SRTM DEM 数据,估算各湖库水量的月变化信息。大型水库蓄水量实测数据为针对 10 个水库的共 99 个数据(个别月份数据缺失),剔除其中 1 月没有实测结果的湖库,参与相关性分析的湖库共有 7 个、数据共 65 组。相关性分析的精度验证结果见图 7-4。

考虑到鄱阳湖目前主要的水环境问题为采砂、富营养化风险,因此水质指标主要考虑悬浮泥沙与叶绿素浓度两项。悬浮泥沙计算模型参见 3.3.3 节,用于计算各湖库每月的悬浮泥沙浓度。叶绿素浓度参照 3.3.4 节中式(3-13)、式(3-14)计算。

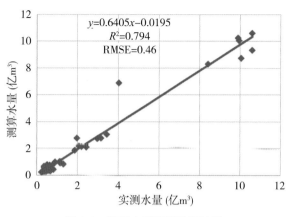

图 7-4　湖库水量精度验证结果

　　通过各湖库按年的悬浮泥沙、叶绿素浓度与水量的乘积结果，计算其年均值。各县区按湖库在其县区范围内的水量比例计算悬浮泥沙及叶绿素的年均负荷值，基于年均负荷值，进行水量水质指数的计算。

7.3　综合指标计算过程

　　由于不同参数的来源各异，其数据量纲各不相同，生态环境安全度各指标在计算之前，首先对最低层次的指标参数进行归一化处理，以便得到无量纲的纯量，具体的归一化计算公式为：

$$y_i = \frac{(x_i - x_{imin})}{(x_{imax} - x_{imin})} \qquad 式(7-9)$$

式中，y_i 表示第 i 个指标归一化后的值；x_i 表示第 i 个指标的原始值；$x_{imax} - x_{imin}$ 分别表示第 i 个指标的最大值与最小值。

　　通过归一化的参数，参考环保部门的环境指数及其他专家意见，通过层次分析法确定权重，并计算出不同县级行政单元的生态环境安全度。

7.4　评价结果及综合分析

　　根据上述方法计算得到鄱阳湖生态经济区各县区生态环境安全度的分值及排名情况如表 7-4 所示：

表 7-4 鄱阳湖区各县市区生态环境安全度评价结果表

县区名	地级市	生态环境安全度	排名
鄱阳县	上饶市	0.99	1
都昌县	九江市	0.97	2
武宁县	九江市	0.94	3
丰城市	宜春市	0.89	4
进贤县	南昌市	0.89	5
浮梁县	景德镇市	0.85	6
余干县	上饶市	0.84	7
新建区	南昌市	0.8	8
贵溪市	鹰潭市	0.76	9
乐平市	景德镇市	0.75	10
临川区	抚州市	0.74	11
永修县	九江市	0.74	12
高安市	宜春市	0.73	13
南昌县	南昌市	0.72	14
余江县	鹰潭市	0.71	15
新干县	吉安市	0.69	16
东乡县	抚州市	0.69	17
浔阳区	九江市	0.66	18
渝水区	新余市	0.65	19
万年县	上饶市	0.63	20
青山湖区	南昌市	0.63	21
德安县	九江市	0.62	22
安义县	南昌市	0.61	23
湾里区	南昌市	0.6	24
九江县	九江市	0.58	25

续表

县区名	地级市	生态环境安全度	排名
共青城市	九江市	0.58	26
月湖区	鹰潭市	0.57	27
湖口县	九江市	0.56	28
昌江区	景德镇市	0.52	29
濂溪区	九江市	0.51	30
庐山市	九江市	0.5	31
樟树市	宜春市	0.41	32
瑞昌市	九江市	0.41	33
彭泽县	九江市	0.31	34
东湖区	南昌市	0.3	35
青云谱区	南昌市	0.29	36
珠山区	景德镇市	0.28	37
西湖区	南昌市	0.19	38

生态环境安全度的值域区间为 0.19~0.99，其中安全度值在 0.5 以上的区域，生态环境尚可，而安全度值在 0.5 以下的有一定的生态环境安全风险。从图 7-5 可以看出鄱阳湖生态经济区县级行政单元中有东湖区、青云谱区、西湖区、青山湖区、濂溪区、庐山市、瑞昌市、浔阳区、月湖区、珠山区等 10 个区、市存在生态环境安全风险，其主要位于南昌市、九江市、鹰潭、景德镇等地级市的主城区。此类区域存在生态环境风险的主要原因在于其区域面积有限，耕、林、园、草、水等承载各生态系统的地表覆盖类面积较小，生态承载力不足所致。与此同时，城市主城区环境胁迫较为严重也是这些区域存在生态环境安全风险的原因，例如其中南昌市的西湖区和东湖区的环境状况与胁迫指标分别居 38 个县级行政单元的第 1 位与第 2 位。生态环境安全度指数在 0.75 以上的县级单元有 7 个，具体包括鄱阳县、都昌县、武宁县、丰城市、进贤县、余干县和浮梁县。其中鄱阳县由于其水域、耕地、草地及林地生态容量均排在各县级单位的前 3 位，而环境状态与胁迫指标为 38 个县级单位的第 2 小值，其生态环境安全度居各县榜首。与之类似，环境状态与胁迫指标最小的都昌县由于其水域、草地生态容量值较大，使得

其生态环境安全度排第 2 位。

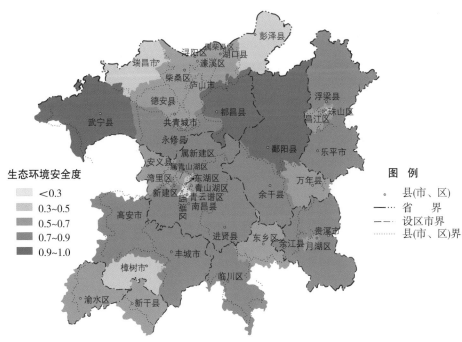

生态环境安全度
- <0.3
- 0.3~0.5
- 0.5~0.7
- 0.7~0.9
- 0.9~1.0

图 例
- 县(市、区)
- —— 省 界
- —— 设区市界
- ……… 县(市、区)界

图 7-5　鄱阳湖区各县市区生态环境安全度评价结果图

7.5　生态环境安全与社会经济发展协调程度评价指标体系

7.5.1　评价指标概述

为了评价生态环境与社会经济协调发展程度，社会经济发展方面的特征主要涉及社会公平与和谐、经济发展与潜力两种类型的指标，如图 7-6 所示。社会公平与和谐类型的特征主要包括地理国情普查数据获取的教育公平、医疗公平、养老公平和交通便利指数等 4 项参数，通过统计年鉴获得农村居民收入指数、人口密度差异指数等 2 项参数，这些参数侧重于反映社会公平与基本福利保障状况。经济发展与潜力指标则主要包括通过统计年鉴获取人口数量及变化指数、GDP 及其变化指数等 2 项指标，利用天地一体化传感网获取的人类活动强度指数，以及通过国情普查获取的建筑密度及高层指数、交通配套指数、开发政策优势指数、工业发展配套指数等 4 项指数。主要通过体现社会公平与和谐，计算经济发展状况与潜力的方式来表现社会经济发展的总体概况。

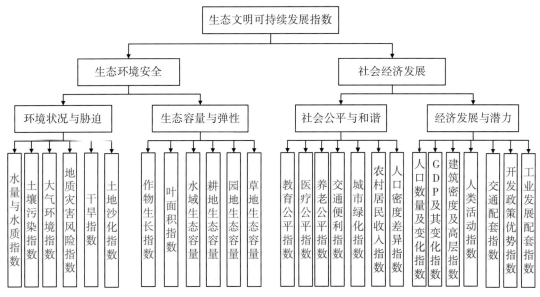

图7-6 生态文明可持续发展指标体系组成结构图

7.5.2 单项指标计算方法

1. 教育公平指数

根据 GDPJ 01—2013《第一次全国地理国情普查内容与指标》订正本（以下简称普查指标）中的单位院落项（代码1143）中所包含的城乡全日制教育大中小学校。由于本研究重点关注教育公平性，因此教育资源数据选用其中的中小学分布数据。以教育资源固定服务半径内的居住小区与行政村占县区内所有小区和行政村的比例作为教育公平指数的计算基础，教育资源覆盖的小区占比和行政村占比的平均值，其计算结果定义为教育公平指数。居住小区和行政村数据来自普查指标中的居住小区项（代码1141）和行政村项（代码1117）。考虑到中小学学生的行动能力，将中学的服务半径设为1km，小学的服务半径设为500m。因而以中学点位数据做1km缓冲区，小学点位数据做500m缓冲区，在缓冲区内分别按区县统计缓冲区内的居住小区及行政村数量，并与该县区内的居住小区及行政村总数做比值运算，两者的均值作为教育公平指数的计算结果。

2. 医疗公平指数

根据普查指标中的单位院落项（代码1143）中所包含的一、二、三级十等医院。以医疗资源固定服务半径内的居住小区与行政村占县区内所有小区和行政村的比例作为医疗公平指数的计算基础，医疗资源覆盖的小区占比和行政村占比的平均值，其计算结果定义为医疗公平指数。居住小区和行政村数据来自普查指标中的居住小区项（代码1141）和行政村项（代码1117）。考虑到大型医院的服务容量及病人关注度，将三级医院的服务半径设为5km，二级医院的服务半径设为3km，一级医院的服务半径设为2km。因而以三级医院点位数据做5km缓冲区，二级医院点位数据做3km缓冲区，一级医院点位数据做2km缓冲区，并在缓冲区内分别统计居住小区及行政村数量，并与该县区内的居住小区及行政村总数做比值运算，两者的均值作为医疗公平指数的计算结果。

3. 养老公平指数

根据普查指标中的单位院落项（代码1143）中所包含的敬老院数据。以养老资源固定服务半径内的居住小区与行政村占县区内所有小区和行政村的比例作为养老公平指数的计算基础，养老资源覆盖的小区占比和行政村占比的平均值，其计算结果定义为养老公平指数。居住小区和行政村数据来自普查指标中的居住小区项（代码1141）和行政村项（代码1117）。考虑到养老院与原生活区域的间隔距离，将其服务半径设置为3km。因而以敬老院点位数据做3km缓冲区，并在缓冲区内分别统计居住小区及行政村数量，并与该县区内的居住小区及行政村总数做比值运算，两者的均值作为养老公平指数的计算结果。

4. 交通便利指数

根据普查指标中的城市道路项（代码0630）、乡村道路项（代码0640）。将县区范围内居住小区与行政村数量作为基数，计算每个居住小区及行政村的平均城市道路及乡村道路里程。其中居住小区和行政村数据来自普查指标中的居住小区项（代码1141）和行政村项（代码1117）。交通便利指数为每个居住小区的平均城市道路里程数与行政村平均道路里程数的均值。

5. 城镇绿化指数

绿地率是考核城市园林绿地规划控制水平的重要指标。本研究综合参考了CJJ/T 85—2002《城市绿地分类标准》行业标准及《中国城市建设统计年鉴》，以城市建成区为绿地的统计范围。同时，在《国务院关于加强城市绿化建设的通知》以及相关城市园林绿化、生态环境的评价中，也将建成区绿化率作为重要评价指标。本节根据《地理国情普查内容与指标》中对于各地物类的解释，利用江西省地理国情普查数据提取出位于城市建成区内部的林地、园地、草地等，统计各县区的绿化用地面积及建成区面积，按照

$$建成区绿化率 = \frac{建成区绿地面积}{建成区面积}$$

计算相应县区的建成区绿化率，该指标用于定量评价江西省各县区绿地在城市建设中所占的比重，并对城市园林环境规划及发展政策的制定有着较强的指导意义。根据计算结果将江西省各县区的建成区绿化率进行分级，并将分级结果制成专题信息图予以展示。

城市中的绿化用地包括了林地、园地、草地等，以斑块的形式分布在城市的道路、居民区及公共场所，对城市生态及人居环境发挥着重要的调节作用。其中，不同大小的斑块所发挥的物质能量交换，对局部气候生态调节的作用不同。本研究利用江西省地理国情普查数据提取出的绿化用地，探究和比较各县区内绿地斑块的构成。为了使全省范围内的绿地斑块大小有统一的衡量标准，我们以斑块为单位统计全省范围位于建成区内部的绿地斑块面积并对其进行归一化计算。假设 L_i 为第 i 个斑块的归一化面积，则

$$L_i = \frac{S_i - S_{min}}{S_{max} - S_{min}} \qquad \text{式}(7\text{-}10)$$

式中，S_i 为该斑块的面积，S_{max} 和 S_{min} 分别代表区域内绿地斑块面积的最大值和最小值。

6. 人类活动强度指数

参照第 3.5.3 节内容。

7. 农村居民收入指数

家庭成员既包括有工作和收入的人员，也包括家庭中没有收入的其他成员，如老人和未成年子女等，这些没有收入的家庭成员同样分摊到数值相同的人均可支配收入。计算方法：

农村居民人均可支配收入 = (农村居民总收入−家庭经营费用支出−税费支出−生产性固定资产折旧−财产性支出−转移性支出)/家庭常住人口

8. 人口密度差异指数

人口的居住密度可以反映居民的聚集度。人口密度差异指数由县区的总人口数与行政村数量的比值求得，表示单个行政村的平均人口数，其中县区总人口数来自统计年鉴，行政村数量来自普查指标中行政村项(代码 1117)的统计结果。

9. 人口数量及变化差异指数

人口在很大程度上反映了劳动力信息，人口增长率则能反映出社会经济的发展潜力。人口数量及变化差异指数由统计年鉴中的县区人口数及人口增长率计算而来。在人口基数与人口增长率数据经过标准化后，通过咨询统计专家，将人口基数的权重设置为 0.9，而将人口增长率的权重设置为 0.1，人口数量及变化差异指数由两者加权求和方式求得。

10. GDP 及其变化差异指数

GDP 及其变化差异指数由统计年鉴中的县区人口数及人口增长率计算而来。在 GDP 基数与 GDP 增长率数据经过标准化后，通过咨询统计专家，将 GDP 基数的权重设置为 0.9，而将 GDP 增长率的权重设置为 0.1，GDP 数量及变化差异指数由两者加权求和方式求得。

11. 建筑密度及高层指数

建筑密度为房屋建筑区面积与县区国土面积之比，其中房屋建筑区面积数据来自国情普查指标中的房屋建筑区(代码 0500)。为了突出高层建筑在经济发展中的引领作用，统计计算了中高层独立房屋建筑(代码 0542)、高层独立房屋建筑(代码 0543)、超高层独立房屋建筑(代码 0544)面积之和占建筑区中的比例。与经济学相关专家讨论后，设置建筑密度权重为 1，高层建筑比权重为 0.5。

12. 交通配套指数

交通是社会经济发展的重要基础。交通配套指数通过统计县区内机场、港口、长途汽车站(枢纽)、三等以上火车站数量的总数计算求得。其中机场、港口、长途汽车站、火车站数据来自国情普查指标中单位院落(代码 1143)。

13. 开发政策优势指数

开发政策优势指数通过计算县区开发区、保税区的面积来反映各区县的政策优势。开发区是为促进经济发展，由政府划定实行优先鼓励工业建设的特殊政策地区。保税区是经主权国家海关批准，在其海港、机场或其他地点设立的允许外国货物不办理进出口手续即可连续长期储存的区域。开发区、保税区面积数据来自国情普查指标中的开发区、保税区(代码 1122)的规划面积。

14. 工业发展配套指数

工业发展需要水厂、电厂、污水处理厂等配套的基础设施支持。工业发展配套指数通过统计县区内水厂、电厂、污水处理厂的总数进行计算。其中水厂、电厂、污水处理厂数据来自国情普查数据中的工矿企业(代码 1142)。

15. 综合指标计算过程

由于不同参数的来源各异，其数据量纲各不相同，生态文明指数计算之前，首先对最低层次的指标参数进行归一化处理，以便得到无量纲的纯量，具体的归一化计算公式同式（7-9）。

通过归一化的参数，参考环保部门的环境指数及其他专家意见，通过层次分析法确定权重，并计算出不同县级行政单元的生态文明指数。

7.5.3 评价结果及综合分析

根据上述方法计算，得到鄱阳湖生态经济区各县区生态环境安全度的分值及排名情况如表 7-5 所示。

表 7-5　鄱阳湖生态经济区各县市区生态环境安全与社会经济协调发展指标评定结果

县名	地级市	生态环境安全度	社会经济发展度	生态文明指数
丰城市	宜春市	0.89	0.91	0.90
鄱阳县	上饶市	0.99	0.68	0.89
南昌县	南昌市	0.72	0.98	0.85
临川区	抚州市	0.74	0.85	0.80
都昌县	九江市	0.97	0.59	0.78
武宁县	九江市	0.94	0.61	0.78
新建区	南昌市	0.80	0.74	0.77
进贤县	南昌市	0.89	0.64	0.77
贵溪市	鹰潭市	0.76	0.74	0.75
渝水区	新余市	0.65	0.83	0.74
乐平市	景德镇市	0.75	0.73	0.74
永修县	九江市	0.74	0.71	0.73
高安市	宜春市	0.73	0.70	0.72
余干县	上饶市	0.84	0.58	0.71
浮梁县	景德镇市	0.85	0.57	0.71
新干县	吉安市	0.69	0.72	0.71
濂溪区	九江市	0.51	0.87	0.69
余江县	鹰潭市	0.71	0.61	0.66
万年县	上饶市	0.63	0.70	0.66

续表

县名	地级市	生态环境安全度	社会经济发展度	生态文明指数
东乡县	抚州市	0.69	0.63	0.66
青山湖区	南昌市	0.63	0.65	0.64
樟树市	宜春市	0.41	0.87	0.64
青云谱区	南昌市	0.29	0.96	0.63
昌江区	景德镇市	0.52	0.71	0.62
月湖区	鹰潭市	0.57	0.66	0.62
瑞昌市	九江市	0.41	0.77	0.59
湖口县	九江市	0.56	0.62	0.59
九江县	九江市	0.58	0.60	0.59
共青城市	九江市	0.58	0.59	0.58
浔阳区	九江市	0.66	0.50	0.58
彭泽县	九江市	0.31	0.85	0.58
珠山区	景德镇市	0.28	0.87	0.57
德安县	九江市	0.62	0.53	0.57
庐山市	九江市	0.50	0.62	0.56
安义县	南昌市	0.61	0.49	0.55
湾里区	南昌市	0.60	0.47	0.54
东湖区	南昌市	0.30	0.75	0.52
西湖区	南昌市	0.19	0.77	0.48

　　鄱阳湖区社会经济发展度值域区间为 0.47~0.98，其中社会经济发展度在 0.5 以上的区域，经济发展与潜力较大且各类社会资源的分配公平度尚可，而社会经济发展度在 0.5 以下的则表明其社会经济发展水平亟须改进。从图 7-7 中可以看出，鄱阳湖生态经济区县级行政单元中湾里区、安义县、彭泽县等 3 个区县的社会经济发展协调度较低，其主要位于南昌市、九江市周边的郊县地区。此类区域社会经济发展协调度低的主要原因在于，其距离中心城市不太远，经济上受中心城区的吸引效应影响。即中心城市在发展过程中，由于其具有较强的集聚作用，会促使周边的资源要素向中心城市汇聚，从而导致直接相邻的县区发展机会减少，也就是所谓的极化效应。此外，湾里区、安义县人口及 GDP 规模相对较小，总体发展竞争力有限，也是其社会经济协调发展受阻的重要原因。社会经济协调

发展度在 0.75 以上的县级单元有 11 个，具体包括东湖区、西湖区、青山湖区、南昌县、青云谱区、丰城市、渝水区、月湖区、珠山区、临川区、濂溪区、浔阳区。其主要位于鄱阳湖生态经济区中主要城市的中心城区。这说明中心城区在医疗、教育、养老、交通等方面的配置情况相对充沛，人口基数较大，且人口净增长明显，未来的发展潜力较大。南昌县、青云谱区及丰城市的社会经济发展协调度在 0.9 以上，其中南昌县的 GDP 及增长指数在 38 个县区中排名第 2，人口及增长指数排名第 5，开发政策指数并列第 3，因此经济发展及潜力排名第 1，社会经济发展协调度排名第 1。青云谱区由于医疗公平指数排名第1，教育公平指数排名第 5，社会和谐与公平指数整体排名第 1，社会经济发展协调度排名第 2。

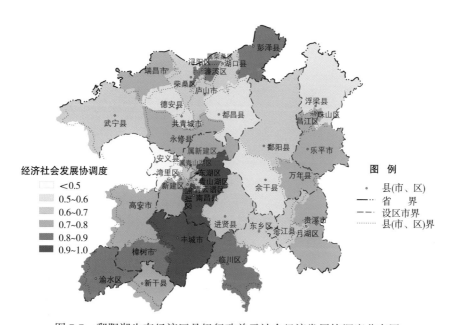

图 7-7　鄱阳湖生态经济区县级行政单元社会经济发展协调度分布图

湖区生态文明指数值域区间为 0.48~0.90，如图 7-8 所示，其中生态文明指数在 0.5以上的区域，说明生态环境安全与社会经济协调发展的程度尚可，而生态文明指数在 0.5以下的则表明其生态环境安全与社会经济协调发展亟须统筹优化。由图 7-7 可以看出鄱阳湖生态经济区县级行政单元中仅有西湖区的生态环境安全与社会经济协调发展程度明显不足。虽然其社会经济发展度排名第 11，但由于区域面积小、生态容量有限，且环境胁迫压力较大，生态环境安全度指标在 38 个县中垫底。生态文明指数在 0.75 以上的县级单元有8 个，具体包括丰城市、鄱阳县、南昌县、临川区、都昌县、武宁县、新建区、进贤县。这部分县市区主要依赖于其自身生态环境安全度相对较高，生态环境条件相对优越。除丰城市、临川区、武宁县外，其他 5 个县区均分布在鄱阳湖的周边地区，充分体现了鄱阳湖生态经济区以水为其生态发展的核心特征。此外，由于柘林水库大部分区域位于武宁县，因而其生态环境与经济发展协调的关键也与其丰富的水资源有密切关系。生态文明指数在 0.9 以上的仅有丰城市，其社会经济发展协调度与生态环境安全度的评分值均在 0.75 以上，根据 2015 年全国县域经济与县域竞争力百强县(市)排名，在整个江西省，其仅次于南昌县，位列全省第 2。此外，丰城市生态环境优美宜居，被中国老年学会授予"中国长寿之乡"的称号，是江西省第 2 个被授予该称号的城市。

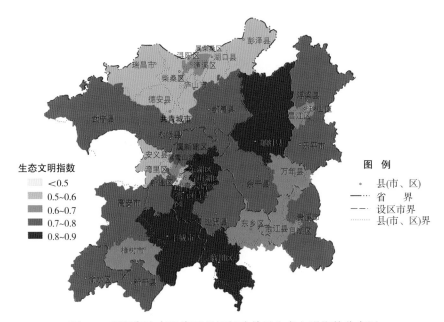

图 7-8　鄱阳湖生态经济区县级行政单元生态文明指数分布图

7.6　本章小结

本章在天地一体化传感网数据的基础上，结合遥感监测指标、土壤调查数据、地理国情普查和社会经济统计数据，从生态环境与社会经济发展两个维度，以及环境状况与胁迫、生态容量与弹性、社会公平与和谐、经济发展与潜力四个方面设计了评价指标，构建了生态环境安全评价指标体系及其与社会经济协调发展的综合评价体系，对鄱阳湖生态经济区内的不同县级行政单元进行了综合评价，获得区域社会经济和生态发展的相关关系，计算区域生态文明综合指数，为生态文明建设提供量化考核指标参考。

参 考 文 献

[1]毛智宇,徐力刚,赖锡军,等.基于综合指标法的鄱阳湖生态系统健康评价[J].湖泊科学,2023,35(3):1022-1036.

[2]张艳会,朱红云,李冰.指标动态权重对湖泊水生态系统健康评价影响研究[J].环境监测管理与技术,2022,34(5):16-21.

[3]TIAN B, GAO P, MU X, et al. Water area variation and river-Lake interactions in the Poyang Lake from 1977—2021[J]. Remote Sensing, 2023, 15(3):600.

[4]郭宇菲,万荣荣,龚磊强,等.鄱阳湖湿地中低滩典型植物群落的生物多样性及影响因子[J].湖泊科学,2023,35(4):1370-1379.

[5]张海铃,叶长盛.环鄱阳湖城市群生态保护重要性评价及其空间格局[J].水土保持通报,2023,43(1):224-234.

[6]曾凡盛,冯兴华,唐燕,等.鄱阳湖流域县域生态韧性空间格局演变研究[J].地理与地理信息科学,2022,38(6):29-35.

[7]余定坤,祁红艳,徐志文,等.江西鄱阳湖国家级自然保护区高等植物多样性研究[J].南方林业科学,2022,50(5):14-17,45.

[8]钟文军,王圣瑞,廖伟,等.鄱阳湖流域人类活动净磷输入时空差异[J/OL].环境科学与技术:1-13[2023-08-07].http://kns.cnki.net/kcms/detail/42.1245.X.20230609.1710.002.html.

[9]余丹丹,彭希珑,陈春丽,等.鄱阳湖生态经济区污水处理厂污泥重金属形态分布及污染评价[J/OL].环境科学学报:1-9[2023-08-07].DOI:10.13671/j.hjkxxb.2023.0066.

[10]刘广宁,吴亚,王世昌,等.长江中游典型河湖湿地主要水环境问题及生态环境地质风险评价区划[J].华南地质,2022,38(2):226-239.

[11]孟定华,朱诗洁,毛劲乔.基于TOPSIS法的鄱阳湖水环境评价研究[J].水电能源科学,2023,41(3):44-47.

[12]AI S, WANG X, GAO X, et al. Distribution, health risk assessment, and water quality criteria of phthalate esters in Poyang Lake, China[J]. Environmental Sciences Europe, 2023, 35(1):1.

[13]XU J, BAI Y, YOU H, et al. Water quality assessment and the influence of landscape metrics at multiple scales in Poyang Lake basin[J]. Ecological Indicators, 2022, 141:109096.

第 8 章

流域生态环境信息共享服务平台

生态环境多源多尺度监测数据需要集成管理、可视化分析与共享服务，才能更好地发挥应用效能，需要通过建设生态环境信息共享服务平台来实现[1]。本章将详细介绍生态环境数据仓库、模型计算系统、服务系统及监测门户的设计与实现，探讨多元感知数据汇聚融合[2]、大数据架构下的数据仓库建立、矢量数据实时渲染表达[3-4]、流域大规模矢量要素数据 Web 交互[5-6]，以及基于 WebGL 的三维可视化场景服务[7]等关键技术的实现与应用。

8.1　系统架构与功能设计

8.1.1　系统架构

基于云计算和大数据技术建立鄱阳湖流域生态环境动态监测服务系统，核心思路是建立数据、模型和服务三个中心，构建面向卫星遥感数据和实时监测数据的生态环境数据服务平台，持续汇聚、存储生态环境监测数据；建立多种模型指标，定期生产各种流域生态环境监测数据产品并通过服务对外进行发布，实现信息资源汇聚管理、分析挖掘、共享服务，系统总体设计见图 8-1。

在数据融合计算方面，采用基于 ETL 的数据计算融合技术，分布式任务调度框架 Quartz。在数据存储方面，考虑到数据仓库中存储数据的多样化，对于生态环境结构化数据与非结构化数据的处理架构不同，对应的基础资源也不同，非结构化数据运用 NoSQL 数据库服务器存放，而结构化数据则采用大型关系数据库服务器存放，文件类型的数据还是按照文件目录组织，存放在文件服务器中。分析模型工具采用 Mondrian 引擎，实现基于关系数据库的联机分析处理。系统的技术架构如图 8-2 所示。

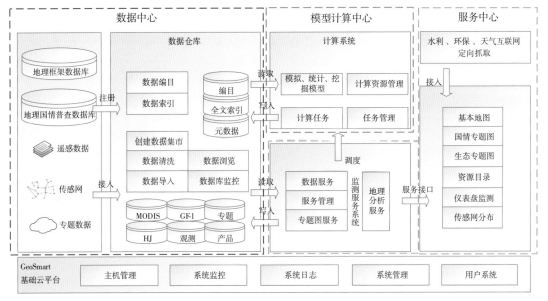

图 8-1　鄱阳湖流域生态环境动态监测服务系统总体设计

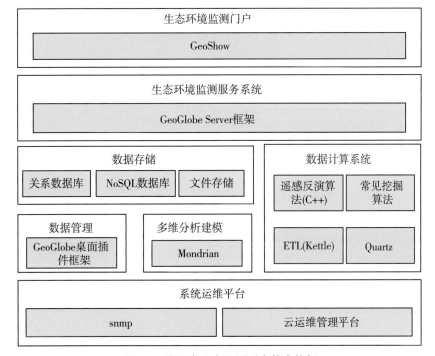

图 8-2　鄱阳湖生态监测平台技术构架

8.1.2　数据仓库

平台融合汇聚的生态信息除气象、水文、水质、空气质量等通过传感器获取的数据外，还包括卫星遥感影像反演数据以及其他用于辅助生态监测的矢量数据，数据多源异构。数据仓库存储监测平台中的原始数据、分析成果数据，支持注册多个不同类型的数据库，并可以对存储在这些数据库中的数据进行编目，提供基本的表格数据和空间数据的导入。采用常见的三层架构设计，使用 Struts+Spring+JDBC 作为服务端的分层架构，Struts+Spring 来松耦合各层关系，关系型数据（MySql/Oracle）作为元数据库的载体，使用 MyBatis 的 ORM 框架与元数据库交互，对各类资源数据的访问则使用 JDBC。前端采用 Jquery+Bootstrap 构建 UI 交互。数据仓库管理系统的核心功能组成如图 8-3 所示。

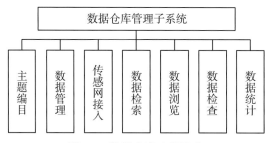

图 8-3　数据仓库功能组成

1. 主题编目

主题编目功能主要是通过数据的元数据实现数据仓库中数据资源的方便检索，通过元数据管理可以让数据仓库中的数据资源更容易分类检索。元信息提供两个基本描述段，一个是基本信息，描述数据的名称和数据存储位置；一个是扩展信息，可以由用户定义数据的扩展元信息，字段结构和字段数量可以自由定义。主题编目模块主要提供的功能包括：数据分区定义、数据主题定义、数据分类定义。

2. 数据管理

数据管理的主要功能是实现文件数据、表格数据、空间数据在数据仓库中的注册，并分配到对应的分区和主题。同时提供表格数据和空间数据的通用导入功能。

3. 传感网接入

数据仓库支持传感网数据接入和存储，并提供对传感网数据位置偏移纠正、传感网异常数据过滤等数据处理能力。

4. 数据检索

数据检索基于全文检索技术提供针对表格数据的全文检索能力，可以为指定的数据字段建立全文索引，实现对数据内容的快速检索定位。

5. 数据浏览

按照分类浏览仓库中的数据，可以查看文件数据的属性信息以及表格数据的详细内容，支持排序分页等基本功能。

6. 数据检查

数据检查由一个可以设定的定时服务支撑，它是定时周期性检查并更新元数据状态，保障元数据与实体数据之间的引用有效性。

7. 数据统计

数据统计如数据检查一样，是由一个定时服务来支撑，它是定时周期性检查并更新元数据库中统计信息表，数据统计提供数据仓库中的数据总体情况，包括数据总量、数据分类占比、数据存储容量等信息。

数据仓库与数据服务管理中心子系统实现结果如图 8-4 所示。

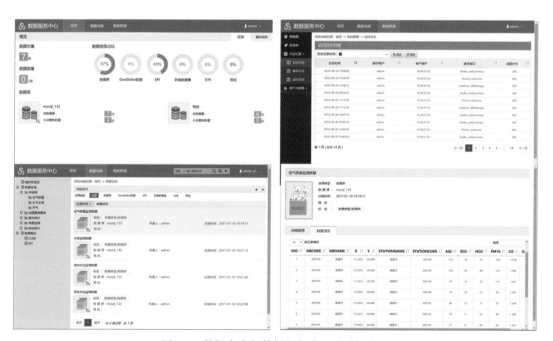

图 8-4　数据仓库与数据服务中心子系统实现

8.1.3 模型计算系统

模型计算系统由三个部分组成：计算模型设计器，提供基本的统计挖掘计算模型，接入鄱阳湖生态计算模型，定义多个计算模型的执行顺序和逻辑控制关系，将设计好的方案保存在计算模型库；计算服务，通过服务的方式提供计算模型库的浏览和计算模型调度执行能力；计算资源管理与监控，管理计算执行使用的计算资源，以及对计算任务进行定义、运行和监控。模型计算系统组成如图8-5所示。

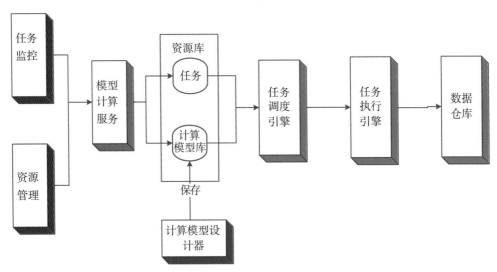

图8-5 模型计算系统组成

1. 计算模型设计器

计算模型设计器是一个基于 Kettle 框架的桌面端应用程序，提供友好的交互操作界面协助用户完成计算模型流程的定义，并将设计方案存入计算模型库中，设计器除了提供缺省的计算算子之外，还可以通过二次开发接口定制、注册自定义组件，从而扩展数据分析计算能力，满足具体的模型计算需求。

2. 模型计算服务

模型计算服务通过服务的接口对外提供能力，其他模块或者外部系统通过接口可以查询、执行相应的计算任务。接口组织如图8-6所示。

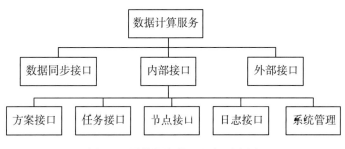

图 8-6　计算服务接口组织示意图

数据同步接口供外部系统与模型计算服务元数据信息同步时使用。

外部接口是模型计算服务供外部系统调用的接口，主要用来查询方案信息、执行方案及监控方案的运行情况。

内部接口主要供计算资源管理系统调用，用来实现任务的制定与监控。

3. 计算资源管理与监控

计算资源管理与监控系统是展现层，提供界面 UI 完成计算任务的创建、定制、执行的监控、日志查看等工作，具体的业务功能完全是调用模型计算服务的内部接口来实现。按照业务功能，模块组成如图 8-7 所示。

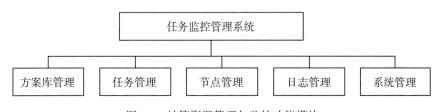

图 8-7　计算资源管理与监控功能模块

方案库管理：可以查看计算模型库中的方案信息，根据方案 ID 可以查看方案的详细信息。

任务管理：可以查看任务的信息、任务的执行信息。

节点管理：增加、删除、修改计算节点资源。

日志管理：可以查看监控系统的操作日志、任务的执行日志。

系统管理：主要是对用户的管理、对角色的管理。

8.1.4 服务系统

1. 传感网传输服务与传感器报警服务

传感网服务遵循 OGC 标准规范，实现传感器传输服务和传感器报警服务，为请求、过滤、获取监测数据及传感器的系统信息提供标准的 Web 服务接口。传感网请求服务见表 8-1，传感网传输服务见表 8-2。

表 8-1　　　　　　　　　　　　　　　传感网请求服务

模块	接口名称	说　　明
传感网	GetCapabilities	描述服务能力和相关信息
	DescribeSensor	获取传感器网络中传感器以及传感器系统等信息
	GetObservation	根据不同的条件获取传感观测数据支持对时间、观测位置以及观测对象的过滤

表 8-2　　　　　　　　　　　　　　　传感网传输服务

模块	接口名称	说　　明
传感网	GetCapabilities	描述服务能力和相关信息
	Advertise	注册传感器的信息、报警消息的结构信息、报警频率
	RenewAdvertisement	修改报警消息的失效时间
	CancelAdvertisement	删除传感器信息、传感器对应的观测属性、报警频率的信息
	Subscribe	订阅报警规则
	RenewSubscription	更新消息规则的失效时间
	CancelSubscription	删除订阅规则信息

考虑鄱阳湖水环境时空变化特点，为充分表征鄱阳湖水体水质、气象等特征，在鄱阳湖入江水道、松门山岛采砂区附近、南湖区湖囊较清洁水域及沿湖区域布设水质气象传感器站点。构建用于鄱阳湖流域气象、水文、水质、空气质量、生态等环境参数的在线监测传感网络。测量参数包括大气温湿度、气压、风速、风向、雨量、水 pH、盐度、溶解氧、

水温、ORP、TDS、电导率、水体浊度、水体叶绿素浓度等。

生态监测数据录入数据库后,按照 OGC Sensor Web 标准协议对气象、水文、水质、空气质量等监测数据(含实时及历史)进行封装发布,其服务发布参数如表8-3所示。用户系统根据 QueryFeature、GetCapabilites、GetObservation、GetobservationHistory、Desctibe FeatrueDataSet 等接口可得到服务查询及数据获取能力。

表8-3   生态监测服务表

FID	51	52	54	55	56	57	58	59	60	61	64	75	76	81	87	88	90	91	96
名称	水库水情实时信息	水库水情历史信息	河流水情实时信息	河流水情历史信息	水质实时信息	水质历史信息	空气质量实时信息	空气质量历史信息24小时	天气实时信息	天气历史信息	水文降雨量	悬浮泥沙与船只	悬浮泥沙与水面积	遥感反演水面积	天气历史信息最近24小时	水质历史信息最近24小时	悬浮颗粒物现势	鄱阳湖水面积现势	空气质量变化

2. 多维分析服务

多维分析服务最主要的功能就是根据传入的数据模型名称和多维分析查询语句对多维数据集进行查询。通过多维分析服务,可以在前端方便地实现用多维分析图表进行上钻、下钻、切片、切块的功能。多维分析服务接口见表8-4。

表8-4   多维分析服务接口

模块	接口名称	说明
多维分析服务	GetCapabilities	描述服务能力和相关信息
	DescribeCube	获取多维数据集的结构描述信息
	Query	查询多维数据集

3. 关键指标服务

关键指标服务用于发布生态监测成果的数值统计结果,采用 OGC 的 WFS-T1.1.0 作为服务接口规范。关键指标服务见表8-5。

表 8-5   关键指标服务

模块	接口名称	说明
关键指标服务	GetCapabilities	获取服务能力
	GetUpdateInfo	获取数据更新信息
	GetCatalog	获取 KPI 目录信息
	GetEvent	获取事件信息
	GetKPI	获取 KPI 数据信息

4. 专题电子地图服务

专题地图服务主要包含自然地理(地形、地貌、水系、植被)和社会经济要素(居民地、境界、交通),通过多专题、多类型的方式服务发布与展示地理国情监测要素的空间分布、规律及其相互关系。展示类型主要有热力图、点集合、散点、蜂窝图等。专题电子地图服务列表见表 8-6。

表 8-6   专题电子地图服务列表

序号	专题分类	专题子类	电子地图服务名	表示内容	表示方式及显示级别
1	地表形态	地形地貌	江西省地形坡向分布服务	DEM、9 个坡度方向、县级以上境界与乡级以上政府驻地、大型湖泊、水库、双线河流	7~15 级瓦片
2			江西省地形坡度分布服务	DEM、6 级坡度带、县级以上境界与乡级以上政府驻地、大型湖泊、水库、双线河流	7~15 级瓦片
3			江西省地形高程分布服务	DEM、5 级高程带、县级以上境界与政府驻地、大型湖泊、水库、双线河流	7~15 级瓦片
4	地表覆盖	总体状况	江西省地表覆盖总况服务	DEM、地表覆盖数据、县级以上境界与乡级以上政府驻地	7~17 级瓦片
5		人工改造覆盖	江西省房屋建筑物分布服务	蜂窝数据、房屋建筑区数据、县级以上境界与乡级以上政府驻地	7~17 级瓦片
6			江西省人工构筑物分布服务	硬化地表、堤坝、城墙、温室和大棚、固化池、工业设施、其他构筑物、县级以上境界与政府驻地	7~10 级热力图,11~17 级瓦片
7			江西省人工堆掘地分布服务	建筑工地、露天采掘场、堆放物、其他人工堆掘地	7~10 级热力图,11~17 级瓦片

续表

序号	专题分类	专题子类	电子地图服务名	表示内容	表示方式及显示级别
8			江西省行政区划服务	省市县行政区划、省市县级政府驻地、乡镇级街道办事处驻地	7~17级万片
9			江西省道路交通服务	各等级道路、城市道路、机耕路、部分乡村路、小路	7~17级瓦片
10			江西省交通设施分布服务	桥梁、隧道、车渡、码头、高速出入口、加油站	7~17级瓦片
11			江西省教育机构分布服务	幼儿园、小学、普通中学、中等专业学校、普通高校、特殊教育、县级以上境界与政府驻地	7~17级点聚合与散点形式,7~10级统计图
12			江西省医疗卫生机构分布服务	医院、社区卫生服务中心(站)、卫生院、卫生防疫、防治机构、妇幼保健院(所、站)、县级以上境界与政府驻地、其他	7~17级点聚合与散点形式,7~10级统计图
13	重要地理国情要素	经济社会活动	江西省社会福利机构分布服务	养老设施、福利院、康复中心、干休所、救助站、县级以上境界与政府驻地	7~17级点聚合与散点形式,7~10级统计图
14			江西省宗教场所分布服务	伊斯兰教、佛教、基督教、天主教、道教、县级以上境界与政府驻地	7~10级统计图表,7~17级散点形式
15			江西省城镇综合功能单元服务	工矿企业、居住小区、县级以上境界与政府驻地	7~17级瓦片
16			江西省红色旅游资源分布服务	红色旅游区	7~10级统计图表,7~17级散点形式
17			江西省休闲娱乐设施分布服务	4A级以上景区、公园、广场、DEM、县级以上境界与乡级以上政府驻地	7~17级瓦片
18			江西省功能分区服务	主体功能区、开发区	7~17级瓦片
19			江西省农林牧场分布服务	农村、林场、开发、保税区、行、蓄、滞洪区、县级以上境界与乡级以上政府驻地	7~17级瓦片

续表

序号	专题分类	专题子类	电子地图服务名	表示内容	表示方式及显示级别
20	重要地理国情要素	经济社会活动	江西省水工设施分布服务	点状水工构筑物、水槽、堤坝、县级以上境界与乡级以上政府驻地	7~17级点聚合与散点形式，7~10级统计图
21			江西省鄱阳湖水文站分布服务	鄱阳湖区水文站	7~9级统计图表，7~17级散点形式
22		自然资源分布	江西省水域服务	河流、沟渠、湖泊、池塘等要素	7~17级瓦片
23			江西省自然文化保护区分布服务	自然、文化保护区、文化遗产、森林公园、地质公园、县级以上境界与乡级以上政府驻地	7~17级瓦片
24			江西省湖滩草洲分布服务	湖滩草洲	7~17级瓦片
25			江西省鸟类保护区分布服务	鸟类保护区	7~17级瓦片
26			江西省特色水产养殖分布服务	特色水产养殖	7~17级瓦片
27			江西省鱼类洄游区分布服务	鱼类洄游区	7~17级瓦片
28		地质灾害	江西省地质灾害隐患点分布服务	地质灾害隐患点	7~17级点聚合与散点形式，7~10级统计图

8.1.5 监测门户

监测门户是用户登录、访问数据和调用信息服务的入口。鄱阳湖生态环境动态监测的主要成果通过门户网站集中展示，包括基本地图浏览、监测专题图浏览、生态专题图浏览、资源目录管理、指标监控显示、传感网分布、用户管理等，通过这些功能为用户提供使用指南和综合服务。监测门户网站子系统见图8-8。

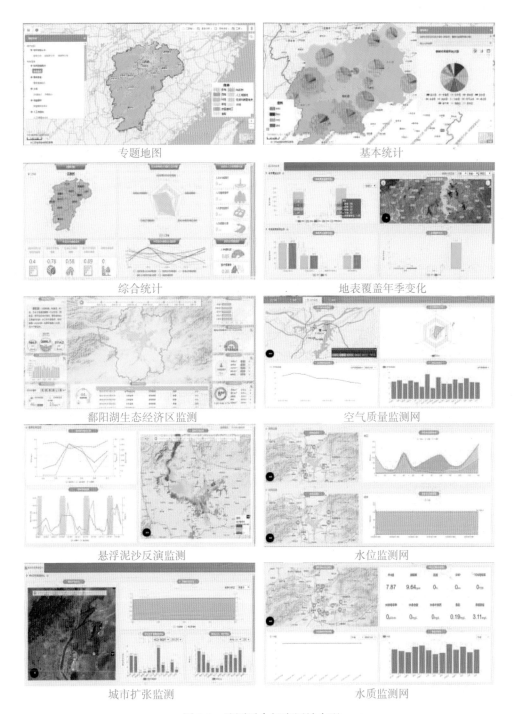

图 8-8 监测平台门户网站实现

专题地图

基本统计

综合统计

地表覆盖年季变化

鄱阳湖生态经济区监测

空气质量监测网

悬浮泥沙反演监测

水位监测网

城市扩张监测

水质监测网

用户管理。门户网站的身份管理，是与统一身份认证系统进行用户信息交互的支撑，对功能权限资源、角色、机构以及身份的权限控制等进行统一管理。提供用户注册、用户登录和用户修改的能力。

资源目录。资源目录是监测平台的成果目录，使用者可以通过目录浏览、资源搜索等功能系统检索和查看感兴趣的监测产品。

统计专题图。统计专题图展示各类综合统计指标，用多维统计图表的方式展现综合统计分析成果。

鄱阳湖生态专题。鄱阳湖生态专题图栏目主要加载生态专题地图服务展现鄱阳湖各种生态指标。指标分类导航可以在多个监测指标中进行切换，并可以查看多个时期的监测数据以及变化表格。

传感网展示。接入鄱阳湖生态环境监测项目的传感网，显示各种传感器的位置以及传感信息，并可以通过图表的方式查看多个时间段的传感信息，并且可以设置阈值，在数值异常的时候，通过监控仪表盘报警。

8.2　系统关键技术

8.2.1　多元感知数据汇聚融合技术

平台所涉及的地理国情监测数据，多源异构，主要包括遥感对地观测数据、基础地理信息数据、地理国情普查数据、地理国情监测变化数据、各类地面观测数据、各类调查与考察数据、统计数据多种类型。为此，平台构建了地理国情多元感知数据汇聚融合体系，依据大数据融合的技术架构，形成一整套准确、高效和透明的数据汇聚融合业务流，对结构化、非结构化的数据建立统一和表达一致的数据基准，然后对数据进行抽取、清洗、融合和入库，以支撑多元异构感知数据的处理和汇聚。

平台提供数据融合设计器，以过程步骤方式定义监测数据汇聚业务流，融合过程步骤之间可自由组合，除提供丰富的融合过程库以外，还支持自定义扩展。同时提供数据计算管理中心，对每一个监测数据汇聚业务流进行周期性、自动化分布式运算，完成数据的汇聚。以遥感反演自动化监测为例，按季度每三个月进行一次遥感卫星影像的反演计算，从数据读取、计算到更新、发布，全部通过数据汇聚融合体系自动化完成，以保证地理国情监测大数据的建立，为常态化的动态监测奠定基础。

1. 多源异构数据标准化管理

将各业务系统的海量、异构数据源注册到数据服务中心，可实现数据的统一管理，形成数据分析、数据挖掘的数据基础。通过数据编目设计、数据注册、关联数据标签、填写元数据信息等，系统可提供数据统计、数据快速检索、数据浏览等功能，实现数据的统一管理。

多源异构数据标准化管理技术的核心是元数据库，数据仓库管理系统原则上只是对元数据库的数据管理，但因为元数据库中的元数据是关联了数据仓库中的实体数据，则数据仓库管理系统也就实现了对数据仓库实体数据的管理。

多源异构数据标准化管理技术可以解决以下实际问题：

(1)多源异构数据标准化管理技术能够实现多源异构数据元数据的标准化管理，提升数据质量，为数据质量检测提供标准。

(2)提供了统一的元数据表述和分类标准，便于数据一体化管理与交换。

(3)多源异构数据标准化管理技术能够实现多种类型数据的统一管理，支持文件、数据表、多维数据、物联网、GeoGlobe 等时空数据的注册管理。

(4)分布在各系统中的数据注册到数据服务中心后，可进行集中式统一管理，可以统计数据总量、数据容量、专题数据源分类、各数据类型占比等，用以直观地展示数据服务中心的资源情况。

(5)数据服务中心集成了数据融合管理平台的数据融合功能，用于实现数据的持续融合。

2. 大数据融合方案化管理

大数据融合方案化管理通过数据融合设计器来实现，根据数据的处理步骤，用数据融合执行器选择相应的组件建立数据清洗流程制定化的方案。数据融合设计器数据的清洗流程主要由转换(transformation)和作业(job)两大部分完成。数据融合设计器是一个 ETL 工具，这个 ETL 工具可视为一个有向无环图(DAG 图)，图的节点对应于一个个作业或转换步骤(step)，边代表数据供给关系，对应于数据流节点连接(hop)。数据融合设计器的概念模型如图 8-9 所示。

转换(transformation)是由一系列步骤(step)所组成的逻辑工作网络，每一个步骤表示一个或多个数据流进行特定的转换操作。步骤与步骤之间由节点连接(hop)进行通信，保证数据流能够在各个步骤间交互。转换的本质是数据流，是数据转换配置的逻辑结构。

作业(job)基于工作流模型，协调数据源、执行过程和相关依赖性的 ETL 活动，其功能性和实体过程聚合起来，完成对整个工作流的控制。一个作业可由一系列转换组成，其作用是将每一个转换按照各自固有的顺序执行，维持整个工作流的秩序。

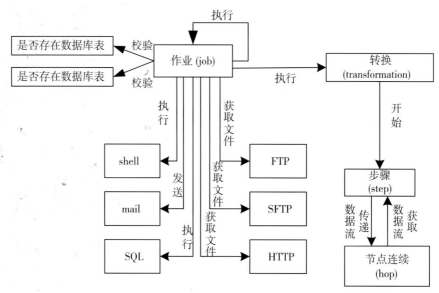

图 8-9　数据融合设计器的概念模型

　　作业与转换的存储方式有两种：资源库存储和本地文件存储。资源库存储是将作业或转换流程存储到数据库中，该资源库用于存储数据融合设计器元数据的多张数据表。本地文件存储则是将作业与转换以 XML 文件形式存储到本地目录。

　　大数据融合方案化管理技术的优势在于：

　　(1)数据融合设计器从不同的数据源抽取出所需的数据，经过数据清洗、转换，最终按照预先定义好的数据仓库模型，将数据加载到数据仓库中。数据融合设计器体系架构如图 8-10 所示。

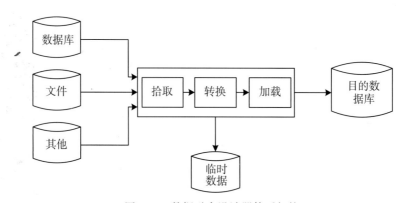

图 8-10　数据融合设计器体系架构

（2）数据融合设计器提供了大部分常用的转换，可以将转换和作业保存到资源库中发布成方案，以服务的形式提供资源，实现方案的重用和共享。

（3）可以根据转换规则，使用内置的 java 脚本编写脚本来处理某些特定的转换。

（4）数据融合设计器支持数据转换编程接口，用户通过实现这些接口，可以开发特定的转换插件。

利用大数据融合方案化管理技术可解决以下问题：

（1）数据融合设计器借助网络爬虫或网站公开 API 等方式，从网站上获取数据信息。通过这种途径可将网络上非结构化数据、半结构化数据从网页中提取出来，并以结构化的方式将其存储为统一的本地数据文件；

（2）数据融合设计器可以从关系型数据库中提取业务数据，可以实现与数据库之间的数据同步和集成；

（3）数据融合设计器调用 GeoGlobe 的 JMAP 组件，实现对空间数据的查询与写入；

（4）数据融合设计器可动态地接入传感器数据；

（5）数据融合设计器能够较简单地实现对数据的建模分析。

8.2.2　大数据架构数据仓库技术

地理国情监测大数据所包含的地理国情普查成果数据、遥感对地观测数据、传感网数据等都具有结构复杂多样、数据体量大、增长速度快等数据特征。平台依据大数据仓库技术架构，面向多源、异构、多维地理国情大数据的集成应用和常态化动态监测，构建了地理国情监测数据仓库，对海量的结构化、非结构化，空间、非空间的操作型数据进行统一注册、管理和更新，同时也对数据的元数据进行规范化描述和管理。地理国情数据仓库已存储和管理地理国情普查成果数据、地理国情统计分析数据、行业专题数据、遥感反演数据和传感网实时传输数据，形成面向主题、面向应用的主题编目和数据集市，一方面为地理国情监测数据挖掘提供数据支撑，辅助地理国情决策；另一方面也为地理国情成果的应用提供数据基础。

1. 数据仓库统一存储管理

数据仓库的目的是构建面向分析的集成化数据环境，为企业提供决策支持（decision support）。数据仓库本身并不"生产"任何数据，同时自身也不需要"消费"任何数据，数据来源于外部，并且开放给外部应用，因此数据仓库的基本架构主要包含数据流入流出的过程。GeoSmarter 数据仓库可以分为三层，即源数据层（ODS）、数据仓库（DW）和数据集市（DM）。源数据层是从多个业务数据库中汇集而成的原始数据的数据库，数据仓库经过数据的抽取、清洗、转换后数据集合，数据集市可以是数据仓库的逻辑或物理上的子集，也可以是对外提供特定范围服务的集合，数据集市也是数据仓库的应用层。数据仓库的体系架构图如图 8-11 所示。

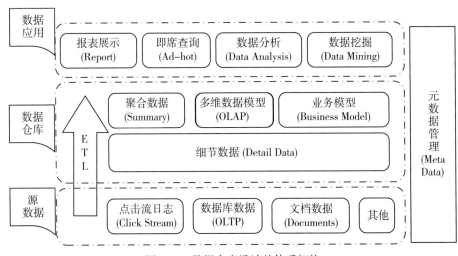

图 8-11　数据仓库设计的体系架构

数据仓库从各数据源获取数据及在数据仓库内的数据转换和流动都可以认为是 ETL（抽取 Extra，转化 Transfer，装载 Load）的过程，ETL 是数据仓库的流水线，也可以认为是数据仓库的血液，它维系着数据仓库中数据的新陈代谢，而数据仓库日常管理和维护工作的大部分精力就是保持 ETL 的正常和稳定。

GeoSmarter 数据仓库能够管理产品后台的数据仓库系统，数据仓库从功能上划分为数据仓库元数据和数据管理两个部分，能够调用数据融合平台（ETL）的能力转移数据仓库中的数据实体。GeoSmarter 数据仓库的功能模型如图 8-12 所示。

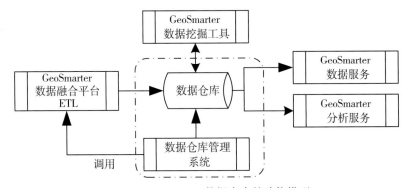

图 8-12　GeoSmarter 数据仓库的功能模型

数据服务中心用于实现分布式、多源、异构、实时大数据的融合、管理与分享。将各业务系统的海量、异构数据源注册到数据服务中心，可实现数据的统一管理，形成数据分析、数据挖掘的数据基础。其具有以下特点：

(1)数据仓库管理系统实现了关系型数据和空间数据等多源数据的统一管理。

(2)数据仓库管理系统能够实现空间数据的多维度、多层次分析。

(3)数据仓库管理系统为应用提供了数据集市。

(4)数据仓库管理系统实现了与数据融合集成设计。

(5)数据仓库管理系统可以扩展实体类处理。项目中通常会新增数据表来处理特定功能，此时需要扩展表对应实体类，数据仓库管理系统提供了扩展实体类处理的接口。

(6)数据仓库管理系统可以扩展注册数据类型。由于数据类型多种多样，在项目实践中，当数据仓库管理系统支持的注册数据类型不能满足业务需求时，可以根据实际的数据类型扩展数据仓库管理系统的注册数据类型。

项目中所构建的数据仓库管理系统具有以下功能：

(1)数据仓库管理系统支持对分布式异构海量数据的存储与管理，既实现了对传统的关系型数据表的存储和管理，如开源数据库(MySQL)、国产数据库(达梦数据库)和商用数据库(Oracle)等存储的数据表，也实现了对空间几何对象数据的存储与管理，包括ArcSDE 与 GeoGlobe 数据源。

(2)数据仓库管理系统中注册的数据可以在服务系统中发布成在线服务，提供接口，供前端平台调用展示。根据数据源的结构，可以发布成多种服务到云平台，供用户调用，实现大数据云存储与云服务的结合。

(3)数据仓库管理系统中的数据分享功能可以为分享的数据绑定认证，可以绑定 IP 段或者 IP 地址，发布成服务口，指定 IP 段或者 IP 地址的用户才可以请求服务。

2. 基于空间位置的内容全文索引

空间数据的索引基于 SolrCloud 实现，主要是针对索引数据提供导入、查询与更新功能。空间数据索引技术不仅实现了对空间数据的导入、查询与更新功能，还实现了对空间几何对象拓扑关系的查询。空间几何对象的拓扑关系包括相交关系、包含关系和内含关系(被包含)。对几何对象的空间关系查询主要使用了最小外包矩形原理。

基于空间数据索引技术具有以下几种功能：

(1)实现了空间数据的导入。SolrColud 提供了空间数据的存储能力，通过对索引模式文件设置"SpatialRecursivePrefixTreeFieldType"类型，可以将符合 WKT 标准的文本串写入索引文件。WKT 可以表示的几何对象包括：点，线，多边形，TIN(不规则三角网)及多面体。可以通过几何集合的方式来表示不同维度的几何对象。几何物体的坐标可以是 2D(x,

y），3D(x，y，z），4D(x，y，z，m），加上一个属于线性参照系统的 m 值。

（2）实现了空间数据的查询。SolrColud 提供了基于几何条件进行空间数据的搜索，支持的查询功能包含：几何条件查询(点查询、矩形查询、圆查询、多边形查询)、两点间距离查询以及几何与属性条件的联合查询。

（3）实现了空间数据的更新。SolrCloud 支持对数据的更新操作，可修改任意字段内容，包括空间数据类型，更新分为两种方式：一种是类似于删除后创建的完整更新，另一种是最小粒度更新，即指定文档 ID 与需要更新的内容，由 Core 自动完成数据的更新。在"更新"时，每条数据会自动生成新的版本信息，用于区分不同 Core 中相同文档 ID 的数据内容，当 Core 数据更新完成后，则会通知 Leader Core 进行同步更新，更新完成后，再由 Leader 同步到其他 Core 上，此过程是一个近实时的过程，所以会出现某条数据更新后，在不同 Core 中查询到的结果不一致的情况。

（4）能查询空间对象的拓扑关系，清楚地反映实体之间的逻辑结构关系。

8.2.3　矢量数据实时渲染表现技术

地理国情信息数据以专题地图的方式进行发布，传统专题地图的表现大多按照地类符号化，然后在数据端生成缓存数据集，最后通过服务发布到客户端进行数据浏览。平台除了使用传统专题地图的表现方式以外，还实现了客户端实时渲染。通过使用 OGC 标准 WFS 服务进行矢量数据实时传输，在客户端实时统计分析，最后通过 Html5 Canvas 绘制技术渲染统计结果，在地图上以热力图、散点图、蜂窝图和基于空间距离的空间聚类图等丰富的地图表现形式，表达地理国情要素空间分布现状和特征。

1. 地图矢量切片

传统的矢量底图一直使用金字塔技术进行切图，使用户能够快速访问指定级别的地图，切图本身是一张图片，无法进行交互。于是又引入了矢量图层用来显示矢量点线面，这种 GIS 组织方式在数据量比较小的时候并没有什么大问题。但是在数据量较大时存在以下几个问题：

（1）同一套数据的展示在不同的需求下可能需要不同的样式(例如，白天和夜间模式)，而对于传统栅格切片对此需求必须重新进行切片；

（2）由于切片的分辨率固定，分辨率过高切片体积过大，分辨率过低高清屏无法清晰显示。

（3）矢量数据的请求如果是按需请求，每次都向服务器请求数据加重服务器压力，如果一次请求按需展示，当矢量数据过大时(例如江西省的植被覆盖数据)对于前端的压力过大。

地理国情监测数据更新比较频繁，传统的栅格切片已不能满足数据如此快的更新要求。为了解决这一问题，平台中研究了矢量切片技术来控制动态的可交互的地图展示方式，该技术可以让个人在浏览器端自定义地图样式。矢量切片底图可以将基础底图和工作数据进行融合，扩展了底图的交互性。用户可以动态赋予基础底图样式以及通过配合可交互的工作数据来设计底图样式，根据内容进行智能制图和实时分析并展示在基础地图上。

矢量切片方案中每个对象都具有自己的 ID，同一对象分割为多个对象后会具有相同的 ID，Web 端的合并根据要素对象的 ID 进行合并。其中对于符号和标注也是根据合并后的对象进行计算标注。矢量切片中对于线、面要素跨多个瓦片时，根据瓦片的范围对要素进行切割，对要素进行切割可以减少瓦片存储的大小。

矢量地图瓦片的构建主要是按照瓦片进行裁切和划分，其实质是划分规则的确定。主要是按照金字塔对矢量地图划分形成瓦片块。通过层级、行号、列号可以唯一确定一个矢量地图块。

（1）点要素裁切。对于点的裁切比较简单，通过其坐标信息来判断是否在一个瓦片内。

（2）线要素裁切。裁切后的线要素可能被裁切网格截成一条或者多条线段。裁切思路是将线目标置于一个网格内，每次裁切都会生成一条折线或线段，添加到瓦片数据记录集中。线要素裁切过程如图 8-13（a）所示。

（3）面要素裁切。面要素由边界线和面属性组成，因此可以转化为点、线的裁切。每个瓦片记录求交的多边形，加入瓦片数据集中。多边形裁切过程如图 8-13（b）所示。

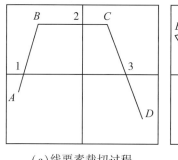
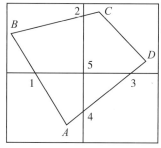

（a）线要素裁切过程　　　　（b）面要素裁切过程

图 8-13　线、面要素裁切过程

矢量切片是一种利用协议缓冲（Protocol Buffers）技术的紧凑的二进制格式来传递信息。当渲染地图时矢量切片使用一系列储存的内部数据进行制图。被组织到矢量切片的图层（比如道路、水系），每一层都有包含几何图形和可变属性的独立要素（例如名称、类型等）。通俗地说，就是将矢量数据以建立金字塔的方式，像栅格切片那样分割成一个一个描述性文件，然后在前端根据显示需要按需请求不同的矢量切片数据进行 Web 绘图。矢量切片具有如下优势：①切图快；②体积小；③传输快；④渲染速度快；⑤文字标注可与底部平行；⑥动态切换不同语言标注。

2. 空间数据与非空间数据实时渲染

空间数据除了常规的依据地类进行符号化展示外，还使用了渲染图、蜂窝图、热力图、散点图、点聚合等多种晕渲图的方式展现国情专题信息。如以渲染图的方式展现高程带分布、坡度带分布等地形地貌形态，以蜂窝图的方式展现房屋建筑区分布，如图 8-14 所示，以热力图方式展现人工堆掘地分布，以散点图方式展现红色旅游景点，以点聚合方式展现教育机构分布。

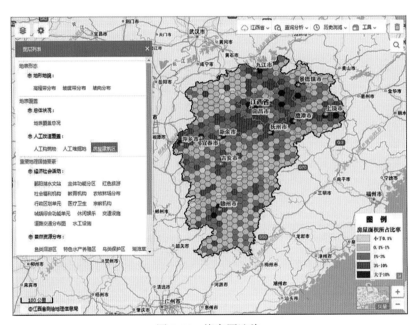

图 8-14　蜂窝图渲染

非空间数据以饼状图、柱状图、折线图、仪表盘、雷达图等各种类型的专题图表进行可视化表现，比如用饼状图、柱状图表现基本统计，用仪表盘表现生态协调性，用雷达图表现空气质量，如图 8-15 所示。

8.2.4　流域大规模矢量要素数据 Web 环境交互技术

1. 矢量数据渐进补偿传输策略

渐进性传输适用于对 WebGIS 视窗缩放操作进行快速响应。其基本思想是：在服务器

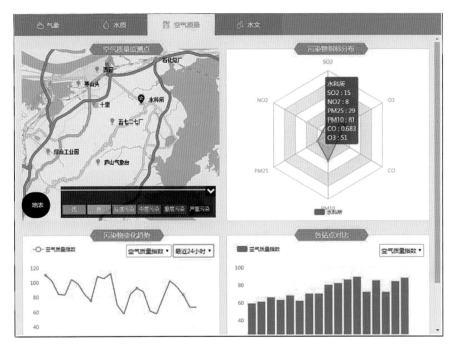

图 8-15　非空间数据渲染

中对数据集进行多分辨率表达（Bertolotto M，2001；BiSheng Yang，2007）[2]，先将低分辨率版本的数据快速传输到客户端响应用户操作，然后再传输费时的高分辨率版本数据的细节部分到客户端进行重构。在高分辨率版本数据传输的同时，用户已经可以基于低分辨率版本进行一些缩放操作，从而缩短了操作的响应时间。渐进式传输需要多尺度表达数据结构支持。渐进性传输可视化交互流程见图 8-16。

2. 可视化误差指标

要保证渐进性传输的可视化效果，首先需要确定一种可视化误差指标。可以借鉴 DBLG 算法构建线对象的树形层次结构（钱新林，2011；廖明等，2012）[15-16]，可将最重要的顶点定义为：离多义线的首尾顶点所构基线最远的顶点；误差值 error 为该点到基线的垂距，将此节点作为二叉树的父节点。依次递归计算得到每个顶点的 error 值，见图 8-17。将 error 作为可视化误差指标，与 WebGIS 中当前视图的空间分辨率 dpi 进行关联，可以认为 error 小于等于 dpi 时，可视化的质量能得到保证。

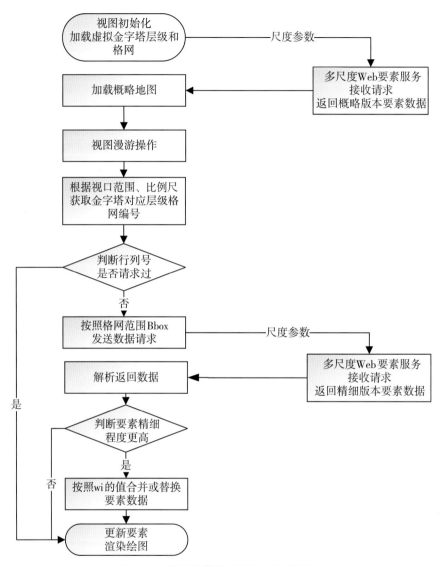

图 8-16　渐进性传输可视化交互流程图

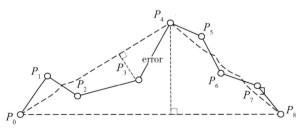

图 8-17　可视化误差示意图

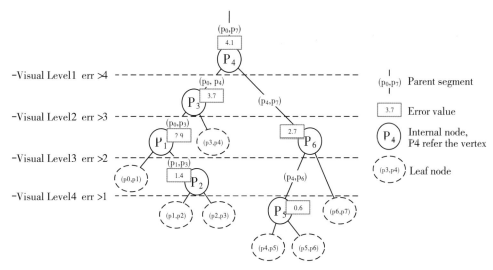

图 8-18 可视化误差与视图分辨率关系示意图

　　下面对可视化误差与矢量数据顶点规模数进行相关性分析。显示级别按照目前网络电子服务通用分级标准可划分为 1~20 级，其显示级别与分辨率对应关系见表 8-7。本次统计使用数据源为覆盖鄱阳湖流域范围道路、水系、流域边界、居民地四类数据。考虑到各类数据的最大区域范围、数据精度和图层在地图中显示的需要，前三类统计的显示级别实际为 6~18 级，居民地为 9~18 级。

表 8-7 显示级别与分辨率对应关系

级别	地面分辨率(米/像素)	显示比例尺	数据源比例尺
1	78271. 5170	1：295829355. 45	1：100 万
2	39135. 7585	1：147914677. 73	1：100 万
3	19567. 8792	1：73957338. 86	1：100 万
4	9783. 9396	1：36978669. 43	1：100 万
5	4891. 9698	1：18489334. 72	1：100 万
6	2445. 9849	1：9244667. 36	1：100 万
7	1222. 9925	1：4622333. 68	1：100 万
8	611. 4862	1：2311166. 84	1：100 万
9	305. 7481	1：1155583. 42	1：100 万
10	152. 8741	1：577791. 71	1：100 万

级别	地面分辨率(米/像素)	显示比例尺	数据源比例尺
11	76.4370	1:288895.85	1:25万
12	38.2185	1:144447.93	1:25万
13	19.1093	1:72223.96	1:5万
14	9.5546	1:36111.98	1:5万
15	4.7773	1:18055.99	1:1万
16	2.3887	1:9028.00	1:1万
17	1.1943	1:4514.00	1:5000或1:1万
18	0.5972	1:2257.00	1:2000或1:1000
19	0.2986	1:1128.50	1:1000或1:2000
20	0.1943	1:564.25	1:500或1:1000

可以认为 error 值小于等于电子地图当前级别的显示分辨率，简化的图形效果不会影响可视化效果。当前视图范围为上一视图范围的 1/2 * 2，设横轴为显示级别，纵轴为当前显示级别的视图范围内大于 error 的顶点平均计数，分类统计结果见图 8-19。

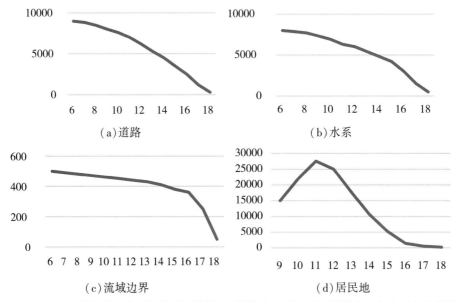

图 8-19　保证可视化效果约束下的数量规模统计(横轴为显示级别，纵轴为视窗内顶点个数均值)

统计结果表明，居民地的曲线特征表现特异是因为居民地层要素的几何特点是单个对象的顶点数目小而对象数量多，在居中的某个显示尺度，对象取舍的影响因子压抑了对象顶点简化带来的影响，从而造成了总的顶点数目上升的峰值现象。而道路、水系、流域边界层要素的特点是单个对象的顶点数多，而对象个数少，因此顶点简化对总体数据规模的影响一直表现出主要地位。对于这些主要的地理空间框架要素，在显示比例尺内，都表现出是有上限值的；换言之，在一定恒定的数据量级限定条件下能够基本保证无损可视化效果，即使实际的地物要素不可能完全按统计情况理想的平均分布。那么基于顶点数目作为与显示比例尺相关的参数来进行可视化查询，是可行的一种方案。

3. 多尺度 Web 要素服务

既然可以在控制顶点数规模的情况下达到无损可视化效果，那么本平台设计一种带尺度参数的 Web 要素服务（MS-WFS），能够在确定数据量级的条件下响应不同空间尺度的可视化查询请求。多尺度要素服务参数见表 8-8。

表 8-8   多尺度要素服务参数表

服务请求参数类	参数名称	说明	样例
尺度相关参数	bbox	可视化查询区域	bbox = 114.5, 23.5, 118.5, 29.5
	num	顶点数量	num = 10000
	error	可视化误差	error = 0.001
图层参数（可选）	layers	图层名	layers = {JX_ROAD, JX_HYDPL, JX_BGBA}
要素参数（可选）	FID	要素识别号	FID = 10090

error 不等于 0 时，优先考虑 num 约束条件，顶点按 error 降序排列，取 TOP num 顶点，返回简化顶点后的要素集。error 等于 0 时，与 WFS 服务类似，bbox 做相交查询，不考虑 num 约束，返回完全顶点的要素集。

使用鄱阳湖流域范围数据进行实验验证，图 8-20~图 8-23 结果显示不同的物类要素在各自限定的顶点总量规模下（水系：10000 个顶点；道路：8000 个顶点；流域边界：1000 个顶点；居民地：3000 个顶点），基本均能达到无损失的可视化效果。

error 不等于 0 时，优先考虑 num 约束条件，顶点按 error 降序排列，取 TOP num 顶点，返回简化顶点后的要素集。error 等于 0 时，与 WFS 服务类似，bbox 做相交查询，不考虑 num 约束，返回完全顶点的要素集。

使用鄱阳湖流域范围数据进行实验验证，图 8-20、图 8-21 结果显示不同的物类要素在各自限定的顶点总量规模下（水系：10000 个顶点；道路：8000 个顶点；流域边界：1000 个顶点；居民地：3000 个顶点），基本均能达到无损失的可视化效果。

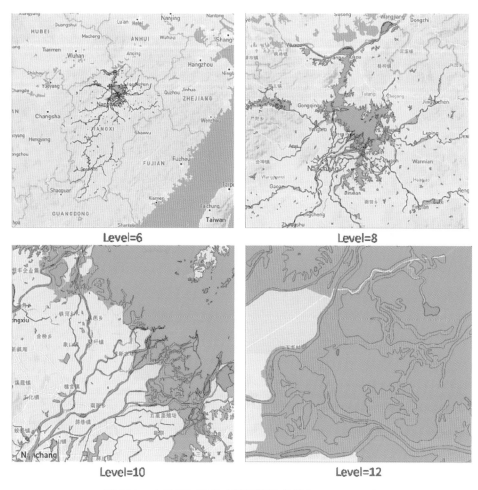

图 8-20　水系 MS-WFS 查询可视化效果（num≤10000）

8.2.5　WebGL 三维场景可视化技术

应用 WebGL 与 GIS 技术，对鄱阳湖生态环境监测信息进行模拟仿真，实现多视角、多层次的三维显示，实现地形模型与用户的交互访问。根据不同地理要素信息的具体特点，实现生态环境信息在三维环境下多源、多尺度无缝可视化服务，支持生态环境信息服务和服务链的无缝集成调用和数据快速可视化，以提高用户的直接体验程度。

为了动态展示鄱阳湖地区实时风速风向数据，通过后端 Java Servlet 获取实时的 GFS

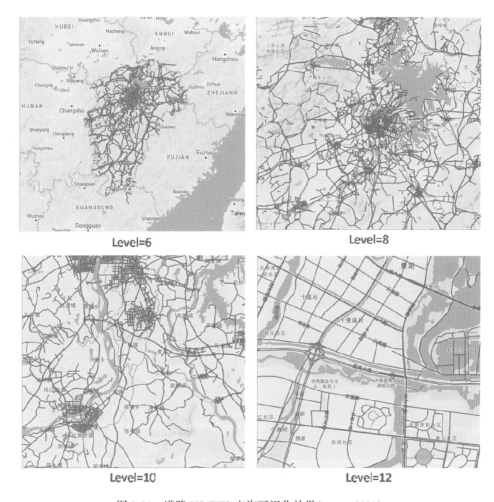

图 8-21　道路 MS-WFS 查询可视化效果（num≤8000）

气象数据。GFS 全称为 Global Forecast System，由美国国家海洋和大气管理局 NOAA（National Oceanic and Atmospheric Administration）推出，并由美国国家气象局（US National Weather Service）运营。每天在 0 点、6 点、12 点、18 点发布四次预报数据，这些数据可以从 NOAA 官网上下载。但下载下来的数据为 GRIB2 格式，不便于前端 JavaScript 应用，因此需要转换。

　　鄱阳湖生态环境三维监测平台实现了实时获取最新气象预报数据，并对获取的数据自动转换成 JSON 格式文件进行存储，前端获取 JSON，然后生成向量场，给 WebGL 进行渲染。

　　风矢量场建立及可视化主要分为 4 个步骤，其总体算法流程如图 8-22 所示。

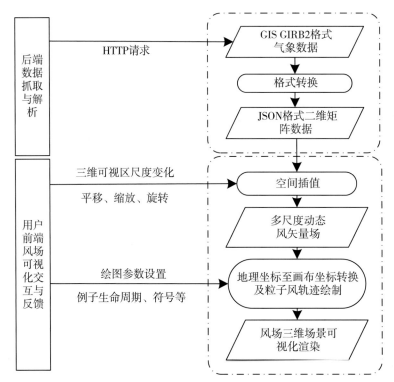

图 8-22　风矢量场可视化总体算法流程图

（1）GFS（Global Forecast System）风要素数据实时抓取与解析。

为了动态模拟鄱阳湖区域实时风速风向数据，通过后端 Java Servlet 程序获取实时的 GFS 风要素数据。并对获取的数据自动转换成 JSON 格式文件以二维矩阵方式进行存储。

（2）多尺度动态风矢量场构建。

Web 端获取 JSON 数据，解析后生成初始风矢量场，经空间插值生成多尺度动态风矢量场。

（3）坐标转换及粒子风运动轨迹绘制。

风矢量场中的粒子经地理坐标至画布坐标转换后，对其进行生命周期及符号化设置，之后推送至前端 WebGL 三维场景进行渲染。

（4）风场矢量三维可视化渲染。

渲染场景中首先对数据进行缓存处理，主要包括待绘制的动态粒子风、地形模型、纹理等。场景中待渲染对象每个顶点包含法向量、颜色、纹理及坐标等属性信息，这些数据流首先从 Web 端应用程序输入，依次经过顶点着色器、片段着色器处理，最后绘制帧缓存，然后输出至 HTML5 中的 Canvas 进行可视化显示。

在线获取鄱阳湖区域的 GFS 气象数据，1000 hPa 单气压层粒子风二维运动轨迹渲染效果如图 8-23 所示，红色箭头线绘制的方向是粒子运动的方向，同时也表征了当前风力矢量的方向。

（a）单气压层粒子风向量场动态渲染图

（b）不同高度多气压层风向量场动态渲染图

图 8-23　风向量场动态渲染图

基于风场矢量的 WebGL 三维动态可视化服务能有效模拟鄱阳湖区域真实自然环境中的风场变化，弥补鄱阳湖区域风场在线数据解析实时性不好、动态仿真效果较差的缺陷。同时还能在三维场景下客观体现不同高压气旋的布局与关联性，模拟大气流动，便于整体把握研究区域的气象变化趋势，为鄱阳湖区生态监测提供服务场景及技术手段。

8.3　本 章 小 结

本章针对生态环境多源多尺度监测数据信息集成管理、可视化分析、无缝调用和共享服务的需求，设计了鄱阳湖生态环境信息共享服务平台。并基于多源感知数据汇聚融合、互联网大数据架构的数据仓库，矢量数据实时渲染、大规模矢量要素数据 Web 交互、WebGL 三维可视化等关键技术，开发实现了鄱阳湖生态环境信息共享服务平台。该平台将传感网络节点信息、传感器信息流数据、传感网络解译成果和动态监测成果在平台上进行全方位的数据管理、地图展示、生态环境分析、数据共享和信息发布，实现生态环境信息的多源、多尺度无缝可视化服务，并支持服务链的无缝集成调用和数据快速可视化，系统提供专题电子地图服务、网络分析服务、统计成果服务、传感网监测服务、生态评价服务、三维场景服务等功能，可供类似项目的信息化系统建设实施参考。

参 考 文 献

[1]廖明，廖明伟．鄱阳湖生态环境动态监测服务系统[J]．测绘科学，2016(12)：120-123，156．

[2]袁武彬，廖明．基于物联网技术的鄱阳湖生态监测服务研究[J]．地理空间信息，2020，18(2)：24-27．

[3]胡辉，袁武彬．基于地理空间的生态资源图谱可视化研究[J]．地理空间信息，2022，20(11)：14-16．

[4]欧立业，袁武彬，廖明．基于 JSON 的天地图要素符号表达与解析[J]．测绘与空间地理信息，2015，38(12)：3．

[5]廖明，廖明伟，钱新林.基于天地图的多尺度 Web 要素服务研究[J]．测绘通报，2012(s1)：613-616．

[6]MING LIAO, XINLIN QIAN. A WebGIS online vector data editing method based on multi-scale representation data structure. Tehnicki Vjesnik, 2018, 25(1)：164-171.

[7]袁武彬，廖明伟，廖明，等．鄱阳湖区域风场矢量的 Web 三维动态可视化[J]．地理与地理信息科学，2020，36(1)：22-26．